普通高等院校风景园林专业“十三五”规划精品教材

景观艺术设计

葛　丹　编著

华中科技大学出版社
中国·武汉

内 容 提 要

本书以小尺度景观环境的艺术设计为讲解重点，通过案例分析阐述一种功能与形式相结合的设计方法，将通常比较模糊不定的创意过程显化为可操控的推理过程。全书共包括七章：第一章为概述，讲解景观艺术设计的基本理论，如设计的原则和分类等；第二章讲解景观环境使用者的行为心理，通过对不同人群的行为方式和心理需求进行分析，总结出景观人性化设计的内容；第三章至第五章分别从物质要素、艺术要素和空间要素三个角度分析景观艺术设计的组成部分和相应的设计方法；第六章介绍了景观艺术设计方案的设计方法，通过案例阐述了功能图解和形式生成的具体过程；第七章介绍了不同类型景观设计的经典案例。

图书在版编目(CIP)数据

景观艺术设计/葛丹编著．—武汉：华中科技大学出版社，2019.10
ISBN 978-7-5680-5648-9

Ⅰ.①景…　Ⅱ.①葛…　Ⅲ.①景观设计-高等学校-教材　Ⅳ.①TU983

中国版本图书馆 CIP 数据核字(2019)第 216575 号

景观艺术设计　　　葛　丹　编著
JINGGUAN YISHU SHEJI

责任编辑：彭霞霞
封面设计：潘　群
责任校对：周怡露
责任监印：朱　玢
出版发行：华中科技大学出版社(中国・武汉)　　电话：(027)81321913
　　　　　武汉市东湖新技术开发区华工科技园　　邮编：430223
录　　排：武汉楚海文化传播有限公司
印　　刷：武汉华工鑫宏印务有限公司
开　　本：850mm×1065mm　1/16
印　　张：14.75
字　　数：303 千字
版　　次：2019 年 10 月第 1 版第 1 次印刷
定　　价：58.00 元

前　言

景观设计、建筑设计和城市规划并称为建筑行业的三驾马车，是现代设计实践中的一个重要方向。与另外两个学科强调功能和科学理性相比，景观设计的功能比较简单，以休闲放松为主，但这并不是说景观设计就更简单。恰恰相反，面向大众的景观环境因为其使用人群的范围更广泛，人们对空间感受和视觉审美的要求更高，使得景观设计仅仅满足功能需求还不够，仍然需要更多艺术形式方面的思考。同时与绘画和雕塑艺术的自由创作相比，景观艺术设计又有诸多限制，它必须尊重设计元素的物质属性和自然环境的生长规律，因此，在具体的设计实践中，平衡功能与形式、感性与理性，是设计师必须具备的能力和素养。

在当下快速发展的城市建设中，从小尺度的街头绿地到大尺度的风景名胜区保护，各类项目种类繁多，尺度相差几十倍、几百倍甚至上千倍。虽然用到的设计元素无非是铺装、水体、植物和设施等，但不同尺度的景观设计，其设计深度和运用的设计方法有着显著的区别。

目　录

第一章　景观艺术设计概述

第一节　认识景观艺术设计

一、景观设计

景观设计所指的景观是指经过人类创造或改造而形成的城市建筑实体之外的空间部分。景观设计的关键在于通过对这些户外空间存在的问题进行科学的分析，获得设计问题的解决方案和解决途径。

根据研究对象的尺度和研究侧重点的不同，景观设计分为景观生态规划和景观艺术设计两大类。宏观方面，景观设计需要结合人类生存、发展的需要，对某一区域天然的生态、功能布局、资源分布及气候提出环境景观的可持续发展策略，处理的是人居环境及其与自然环境之间的关系，需要顺应该区域的生态规律，满足可持续发展的要求，属于景观的生态规划。如图 1-1 所示的大连青云河生态格局分析图，景观规划的目的是恢复生态环境，生态格局分析是设计的基础。中、微观方面的景观设计是在不破坏环境的大前提下，着重解决环境景观的功能性问题，同时针对具体景观环境提出修复、再生和循环的可行性措施，属于景观的艺术设计。如图 1-2 所示的苏州中航樾园实景图，设计师希望创造一个具有苏州文脉的当代苏州园林，设计的重点是景观空间和意境的营造。

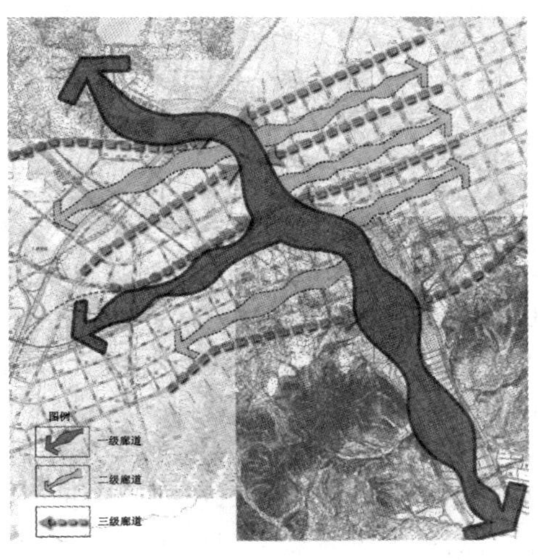

图 1-1　大连青云河生态格局分析图

图 1-2　苏州中航樾园实景图

二、景观艺术设计

景观艺术设计是指设计者结合具体环境特点，利用水体、地形、建筑、植物等景观物质要素，依据使用者的心理模式及行为特征，对用地空间进行改造或调整，通过处理视觉、尺度、色彩的问题，创造出特定的满足一定人群交往、生活、工作、审美需求的户外空间场所，使城市空间更宜人、宜居，更富有魅力。

与宏观尺度的景观生态规划相比，景观艺术设计的研究范围要小得多，工作内容、研究对象更加具体，更关注具体人群对于该场地的使用方式及心理体验，强调景观空间的艺术审美效果。

三、景观艺术设计与园林设计的关系

园林设计的目的是在一定的地段范围内，利用并改造天然山水地貌或者人为地开辟山水地貌，结合植物的栽植和建筑的布置，构建一个供人们观赏、游憩、居住的环境。园林设计就是利用植物、土地、水体和建筑四个要素展开的规划和设计。而且，随着经济和技术的发展，要素的种类不断地丰富和增加。传统园林绝大多数位于宅院之内，为少数人所有，而现代园林已经大大超出宅院、别墅和公园的范畴，泛指为城市中的人们提供游憩的绿地场所。

现代景观设计是在西方传统园林的基础上发展演变而来的，推动这一演进的原因归根结底是深刻的社会变革。在以农业与手工业生产为主的封建社会时期，西方传统园林服务于社会上流贵族和富豪阶层，是社会地位、权势与经济实力的象征。随着工业文明的到来，西方社会逐渐发生了深刻的变化：机器大生产取代了手工业生产；社会结构调整，城市人口不断增加；城市规模不断扩大，城市郊区也随之以一种难以控制的速度蔓延，人们进入大自然空间的机会变少，西方社会出现了环境污染、城市拥挤、生活环境质量恶化等一系列问题。这一时期，景观设计的主题由娱乐欣赏转变为追求更美好的生活环境，也开始形成现代意义上的景观设计，园林的服务对象变为城市自身以及普通市民，出现了城市公园等开放型园林。

纽约中央公园是最早建设的城市公园（见图 1-3），于 1873 年全部建成。它已存在了 100 多年，被称为纽约市的“绿肺”。城市公园服务对象的不同，使其成为第一次真正意义上的大众园林。面向市民的城市公园较之传统的庭园或私人庄园，通常用地规模较大、环境条件复杂、对城市意义重大，这就要求其在功能与使用、行为与心理、环境及技术等众多方面形成更为综合的理论与方法。

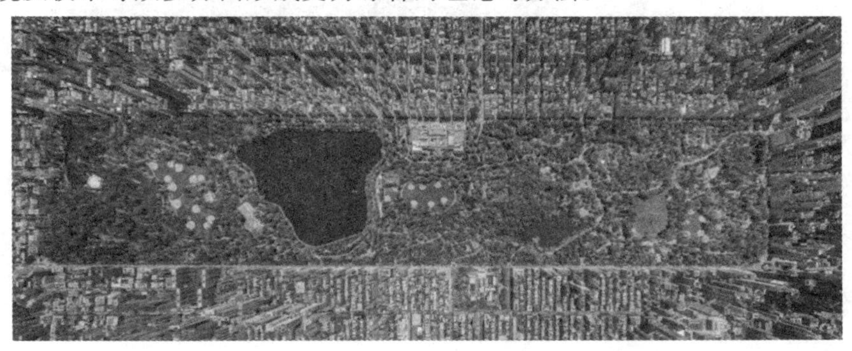

图 1-3 纽约中央公园

景观艺术来源于园林艺术，大量传统园林营建中所积淀的对于景物和空间的艺术处理手法，在现代景观艺术中依然起着重要的作用。如苏州园林的代表拙政园（见图 1-4、图 1-5），全园以水为中心，山水萦绕，厅榭精美，花木繁茂，具有浓郁的江南水乡特色。其空间处理手法至今仍是景观设计师学习研究的经典案例。景观艺术设计与园林设计不同的是，景观艺术所涉及的范围更广，它几乎渗透到了现代人生活的各个角落，手段也更为丰富和灵活；而园林艺术则是景观艺术的一个重要分支，花草树木的合理配置占据园林设计的重要地位。可以说现代园林艺术是以植物为主要构景要素的景观艺术设计。

图 1-4 苏州拙政园实景

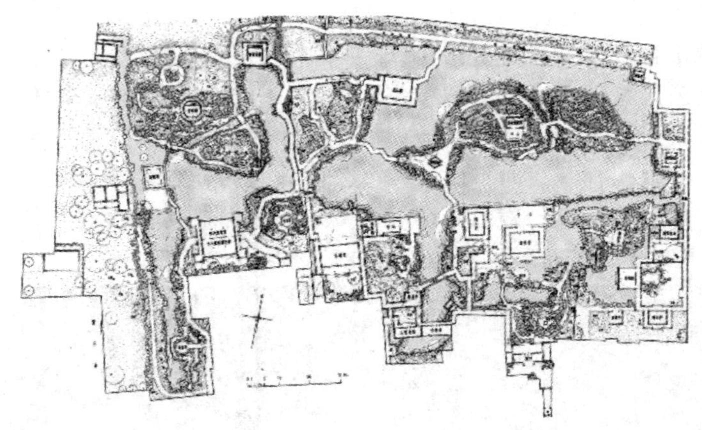

图 1-5　苏州拙政园平面图

第二节　景观艺术设计的目标和内容

一、景观艺术设计的目标

景观艺术设计的目标是多层次的，从低到高依次是满足使用者的功能需求，使使用者获得良好的视觉体验，为使用者带来身心愉悦、寄情于景的精神感受。功能需求的满足是景观艺术设计的基本目标。现代景观设计最显著的特点就是其公共性，景观不再是为某个人而存在的艺术空间，而是为一群人所使用的公共空间，是承载各类户外活动的共享空间。设计师想要使设计满足人们在功能使用方面的需求，首先需要了解人的行为心理，在适于某种活动发生的场所，创造适宜的空间环境，并提供恰当的景观设施。通过理性的分析和判断，满足人们在现实生活中的真正需求。然而，完全按照功能需求设计的场所，常常会因为缺少变化而令人乏味。景观不仅要“好用”也要“好看”。因此，景观艺术设计有必要在理性的功能分析基础上，优化物质要素的形式语言，使得各要素以美的姿态呈现在使用者面前，并通过一定的艺术设计方法将景观各要素整合成一个审美整体。一般来说，满足“好用”和“好看”两个要求的设计已经是合格的景观设计了，但真正优秀的景观设计师还有更高的追求，他们会深入地挖掘场地的文化内涵，希望通过塑造富有特色的空间意象赋予场地意义和精神，进而呈现出深刻的人文特质，满足人们寄情于景的精神需求。

二、景观艺术设计的内容

景观艺术设计的目标包括功能使用、视觉审美和精神感受三个层次，因此，其内容就相应地包括物质要素、形态要素和空间意象三个方面。

(一)物质要素

丰富多彩的景观世界是由成千上万形态各异的物质共同构成的，依据其物理属性，最终可以大致归纳为土地、水体、建筑、植物、景观设施及光影六大基本物质要素。其中土地要素包含了步行道、地形变化等物质内容；建筑要素包含了景观中的建筑物、构筑物；景观设施要素包含了艺术装置、休息设施、服务设施、卫生设施及户外标识系统；光影要素包含了人工照明、自然光及其产生的阴影。在西雅图庆喜公园物质要素构成分析图中用分层的方式列出了景观设计中用到的各种物质要素（见图 1-6）。此外，景观对应于人们全方位的感受和体验，还应包含声音、气味等物质要素。

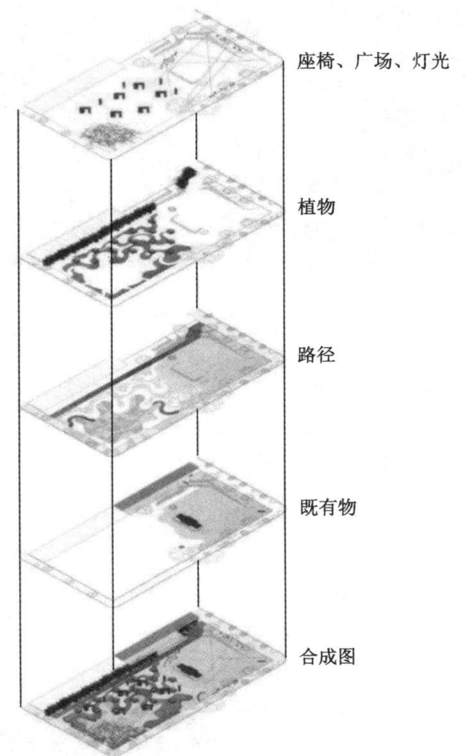

图 1-6　西雅图庆喜公园物质要素构成分析

（二）形态要素

人们对于事物的感知是全方位的，包括视觉、听觉、嗅觉、触觉、味觉等多种感知方式，其中视觉是最主要的感知方式。人们对于景物的感知约有 85％来自视觉的信息反馈，因此，从视觉角度入手，分析其对景观艺术设计结果的影响是极有必要和有效的。

抛开景观构成物具体的物理属性，从视觉感知的角度来看，形形色色的景观都是由形态、色彩和质地三大要素组成。其中，形态要素最为关键，由一些基本模块组合而成，依据人和物之间的相对体量、相对距离，主要归纳为点、线、面、体及其组合而成的空间五大要素。图 1-7 中的红色花坛边缘的曲线形态能给人造成强烈的视觉冲击并令人印象深刻。

图 1-7　红色花坛边缘的曲线形态

(三)空间意象

空间意象的创造包含两方面的内容。首先,是空间的塑造和组织。空间的尺度、形状、特征必须与功能相适应,设计师可以通过对空间限定形式的设计来塑造不同属性的空间,从而引起不同的感受,也可以按照一定的观赏规律,抑扬顿挫地安排和组织各类空间,创造出富有特色的空间序列。其次,是将社会生活场景以情节的方式在空间场所中呈现出来,通过具有情感感知特征的空间体验或景观意象,表达景观的精神和文化内涵,进而引起观者的情感共鸣。贝聿铭先生在苏州博物馆的庭园内设计了一组片石雕塑(见图 1-8),空间中有一幅山川连绵图,与图内水景相互映衬,组成经典的水墨山水画,以此表达传统文化的精神内涵。

图 1-8　苏州博物馆中片石雕塑的山水意象

第三节 景观艺术设计的原则

景观艺术设计的最终目的是服务人民群众，而景观艺术设计的水平则体现了人们在物质生活水平基本满足温饱要求时，对于更加美好舒适的生活方式的追求。景观艺术设计是通过设计和改造人们的物质生存环境，创造出能唤起人们情感上美的感受，从而使人们获得生理和精神双重满足的活动。景观艺术设计目的的最终实现是通过对景观场所中的主体(使用和感受景观的人)、客体(景观艺术设计所运用的各种要素)与周围环境三者关系的有机协调来完成的。在协调处理这三者的关系时，设计师首先应从把握景观场所的功能性、生态性、艺术性、地域性四项基本原则入手，同时应该遵循景观艺术设计的一般工作方法，而不仅仅是凭借设计师的灵感一蹴而就。

一、功能性原则

进行景观艺术设计，首先应该把握好功能定位的合理性原则。这一原则确定了主体和客体之间的正确基调。

人类的物质生活和精神生活需求是方方面面、形形色色、丰富多样的。人们往往需要在不同的场所、氛围中完成不同的行为，从而获得精神层面的美的享受：或三五结伴赴旅游胜地度假休闲，或亲朋欢聚无拘无束，或独自沉思感悟人生，或远避尘嚣亲近自然，或在小桥流水旁怡然垂钓。即便同样的使用功能，也会因为所处的地域、文化、气候、使用对象等的差异，而对景观场所特定行为的“发生器”提出不同的要求。这些都需要景观设计师通过景观艺术设计为其提供相应的理想场所。因此，每一项具体的景观艺术设计工作，都有明确特定的功能要求，设计师应该准确把握场所的功能性，了解使用对象对场所的具体使用方式，对场所使用时的基本氛围基调做出正确的判断。同时，依据人们对不同功能性质的场所的需要做出合理的布局分配，从宏观上保证景观场所功能的合理性，从而确定指定行为的顺利发生、实现，满足人们的各种特定需求。

功能性原则要求景观艺术设计不仅要确保人们特定行为的发生，还要关注景观场所中的主体感受，能体现人们对于更加美好舒适的生活方式和较高生活质量的追求。景观艺术设计中所有要素的安排都围绕着景观场所中的主体——使用者的需要而展开，以适宜使用者在该场所中完成预设的一系列活动为准则。使用者通过对景观环境功能的使用和一系列的体验，获得身心的愉悦和美好的感受，是景观艺术设计的核心。芝加哥滨河步道改建项目中，设计师通过一系列的措施来改善这个狭窄的线性公园的功能性，如改善芝加哥河的水质，在桥下建设连续的步行道，增加户外休息座椅，提升公共休闲空间的使用强度等，为市民创造了丰富多彩的滨河生活空间(见图 1-9)。

图 1-9　芝加哥滨河步道

宜人性是功能性原则的升华，要求景观设计师具备敏锐的洞察力，能长期细心地观察生活并积累经验；了解人体工学、行为学、心理学、社会学、伦理学、材料学、色彩学、建筑学和城市规划等众多与景观艺术设计相关的学科知识。了解什么样的场所适合人们停留，什么样的空间令人感到愉快，什么样的座椅适合人们休息，什么样的景象使人产生恐惧，什么样的材质使人想要触摸，什么样的环境调节人的情绪，什么样的色彩使人产生兴奋，什么样的组织使人感到疲劳。只有掌握了这些知识，景观设计师才能在设计工作中游刃有余，才能确保设计成果真正贴合使用者的需求。

二、生态性原则

景观艺术设计应把握主体、客体与周围环境三者之间的关系，使主体、客体与周围环境有机协调。顺应环境、遵从自然就是指坚持生态性原则。

生态性原则包含两方面的内容，分别是坚持文化生态和自然生态的可持续发展。景观艺术设计应满足特定的使用功能的要求，满足人们对多方面的身心需要和享受的要求，满足人们对真善美的不懈追求的要求，但景观艺术设计不能过度，否则就会成为人类放纵欲望的工具。满足当代社会需要的景观艺术设计应该建立在不影响子孙后代，不破坏自然生态平衡，尊重地域人文传承的前提下。

由于人类对自然资源的长期肆意开发和破坏，加之科技的迅猛发展使得人类改造自然的能力呈几何级数地增长，最终造成了全球生态系统的严重失衡。水资源日益匮乏、自然灾害不断等生态系统失衡产生的恶果无一不在警告当代人：人类只有一个家园。所以景观艺术设计时切记要遵循自然生态的法则，顺应自然之道。

世界各地多姿多彩的人文和景观，是人类文明积累的宝贵财富，然而仅仅几十年的光景，科技发展赋予人类改造自然的强大能力，加之对自然的认识不足，过度开发与改造便导致了世界许多城市景观之间的地域差异日益模糊。城市景观的同质化发展致使地域生态特征丧失，地方人文精神泯灭，城市呈现失忆状态，城市居民失去了归属感。人们在丧失了地域特征浓郁的景观环境家园的同时，也丧失了精神家园。目前，这种现象在我国多有发生。

从基地及周边环境的自然、人文等先天条件出发，秉承系统的生态观，因地制宜，开展景观艺术设计活动，可以体现一名景观艺术设计师良好的职业道德和职业素养，也是对景观艺术设计基本原则的坚持。近年来，广泛开展的海绵城市和雨水花园建设是生态原则在景观设计上的具体体现（见图 1-10）。可见，生态保护不再是宏观理论的指导口号，而是可以落实在实践中的具体行为。

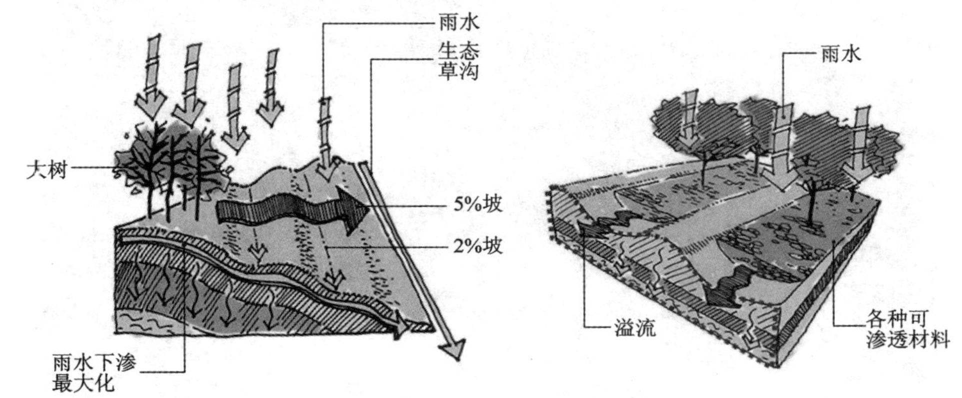

图 1-10　雨水花园设计

（图片来源：https://www.gooood.cn/vanke-research-center-by-zt.htm）

三、艺术性原则

景观艺术设计是从艺术的角度研究和处理土地，协调人与自然的关系。景观艺术是与建筑艺术并列的实用造型艺术之一。景观艺术是一定的社会意识形态和审美理想在景观形式上的反映，它运用山石、水体、植物、建筑及形体、色彩、质感等景观语言构成特定的艺术形象，形成一个更为集中而典型的审美整体以表达时代精神和社会物质的风貌。

传统园林的服务对象是权贵阶层，虽然也会考虑诸如布局、尺度、交通功能等方面的因素，但一切均以服从艺术审美为宗旨。艺术审美才是传统园林最主要的评价标准，“诗情画意”和“虽由人作，宛自天开”才是传统园林的主要追求，寄托的只是少数人对舒适和优美环境的向往和追求。

随着现代主义的发展，景观的服务对象发生了根本性的转变，城市公共空间成为景观设计的主流场所。景观设计的目的从为小群体服务转变为给公众创造身心再生的场所，主要评价标准转变为空间功能需求的满足与否。然而景观设计绝不能仅限于满足功能，审美需求仍是一个无法回避的设计任务。现代主义的唯功能论带来的景观同质化现象不仅使地域文化消失殆尽，也引起了人们的审美疲劳。

鉴于对现代主义的反思，当代艺术在发展过程中形成了众多的流派和风格，如波普艺术、极少主义等艺术思潮。它们或多或少，或直接或间接地影响着当代景观设计的理念，也带来了景观设计领域的繁荣景象。大地艺术家更是以大尺度的景观环境为艺术介质，表达艺术家独特的设计思想。图 1-11 查尔斯·詹克斯（Charles Jencks）设计的“细胞生活”花园是由八个景观地貌、四个湖泊和连通它们的长堤组成的大地景观雕塑。绿色流体形状的漩涡用抽象的方式体现出细胞的有丝分裂，细胞膜与细胞核的关系。

图 1-11 “细胞生活”花园实景

（图片来源：https://www.gooood.cn/cells-of-life-charles-jencks.htm）

作为艺术的一种表现形式，景观艺术设计具有强烈的形式感和吸引力，令人视野开阔，精神振奋。但与其他艺术形式表现或象征自然不同，景观艺术设计直接介入自然，以艺术的方式表达对自然的关怀与热爱以及对人与自然关系的思考，关注的是美好风景的本质和人们参与其中的感受。因此，景观艺术设计不必一味地寻求新的艺术形式，应从场地精神中提炼出耐人寻味的深刻含义，并选择合适的形式与之相匹配，在不同时空中最大限度地满足人们对环境意象和志趣的追求，在表现艺术形式的同时使人们得到精神的升华。

四、地域性原则

景观的地域性一方面是指在一定的时间与空间范围内，某一地域内的景观因受其所在地域的自然条件（地形地貌、水文地理、气候状况）、文化背景和历史背景等因素的特定关联而表现出来的有别于其他地域的共同特性；另一方面，它是指在设计上吸收本地的、民俗的风格以及本区域历史遗留的种种文化痕迹。由于世界上各区域气候、水文、地理等自然条件不同，形成了各具特色的地域特征，也形成了丰富多彩的人文风情和地域景观。

地域性的形成离不开三个主要因素：一是本土的地域环境、自然条件、季节气候；二是历史遗风、先辈祖训、生活方式；三是民俗礼仪、本土文化、风土人情、当地用材。在具有特定自然景观的区域景观设计中，突出自然特质和乡土特色，远比盲目营建大量人工景观，千篇一律地复制景观更具有景观价值。

首先，设计师应以专业的眼光去观察、认识场地固有的特性，充分发掘景观资源，设计时尽量避免对地形构造和地表肌理的破坏。注重体现地方特色，将自己对地域文化的理解与现代审美相结合，设计出与周围环境协调的景观。设计的形式应以场所的自然特征为依据，依据场所中的日照、地形地貌、自然气候、土壤、植被及能量等。设计的过程就是将这些带有场所特征的自然因素融入设计之中，从而维护场所的健康和谐。

其次，设计应当充分挖掘当地文化传统。当地文化传统包括多方面的内容，如当地风俗习惯、城市历史文化。城市历史文化对人性的形成、人的素质和品格的培养，以及民族的性格与精神的造就，有着重要的影响和作用。在设计中可以用形象、寓意、象征等手法再现文化的传承，融合当地文化和历史，以及运用园林文学、借鉴诗文，创造园林意境。还可以引用传说加深文化内涵，通过对地方志的研究，寻找当地历史上的重要事件和历史人物，用艺术化的方式再现，增强人们对环境的认同，通过强化其历史文脉的源远流长，使景观更具场所精神。

最后，就地取材，利用天然材料和以简单加工为主。当地材料的使用不仅是地域性的重要体现，也是生态化设计的一个重要方面。乡土树种不但适宜于在当地生长，经过搭配，能够营造出新奇的效果。而且乡土树种的管理和维护成本较低，其与环境相协调的质感与色彩，都是人们所熟知的，是具有亲切感的。布雷马克斯是一位享誉世界的巴西景观设计师，也是一位优秀的抽象画家，非常擅长运用巴西本土植物。流动的、有机的、自由的线条，结合大量本土植物形成大的色彩区域，也使其景观设计作品像一幅幅抽象绘画，创造了具有地方特色的植物景观（见图 1-12）。

图 1-12　布雷马克斯作品

第四节　景观艺术设计的分类

景观的分类方式是多种多样的，常见的分类方式包括按景观的性质及使用功能分类，按景观的布局形式分类，按景观场地的尺度分类三种。

一、按景观的性质及使用功能分类

依据不同的性质及使用功能，景观可以分为风景名胜区、城市公园、城市广场、道路景观、滨水景观、居住区景观、庭院等。此外，由于社会的发展和生活方式的变化，景观的功能不断增多，如校园景观、疗养景观、商业步行街景观、工业遗址景观、主题公园等。处于不同场地、功能相同的景观，因为有相似的使用人群和行为特征，通常在空间尺度、景观意象等方面都会表现出很强的共性。明确景观的功能类别有助于对景观空间中使用者的行为特征和功能需求进行分析，进而作为设计构思和评价的依据。

二、按景观的布局形式分类

景观的布局形式通常可分为规则对称式、规则不对称式、自然式、混合式四类。了解景观布局形式的分类，有助于掌握不同形式所蕴含的个性及其与具体景观场所功能性质的内在联系。

（一）规则对称式

规则对称式布局方式给人以严肃、庄重、雄伟、明朗之感，此类布局方式通常强调平面构图的均衡对称，具有明显的主轴线，因其两侧景物、建筑布局均需对称，故而要求其用地平坦，若为坡地也通常将之修整成规则的台地状。此类布局中，道路常为直线形或有迹可寻的曲线形，硬质广场也做成规则几何形，植物则作等行、等距式排列，且常被修剪成各种几何图案，水体轮廓也强调几何形，驳岸以垂直严整的形式为主，水池、喷泉、壁泉、涌泉等是理水的主要形式。这类布局根据规模的大小常常会设置一系列平行于主轴线的辅轴线及垂直于主轴线的副轴线，并在其交点处设置喷泉、雕塑、建筑等作为对景。规则对称式布局方式常被用于皇家园林（见图 1-13）、政府机关执法部门、纪念性景观建筑等强调庄重、严肃、盛大、雄伟及礼节性的场所设计中。

（二）规则不对称式

规则不对称式布局方式给人以自由、活泼、时尚、明快之感。此类布局平面构图中，所有线条或曲或直，都是规则的、有轨迹可寻的，同时又是不对称的，故而其空间格局显得较为灵活自由，其中植物种植可采用自然多变的配置方式，不要求其作几何形的人工修剪，水体及驳岸的形式也较为自由多样（见图 1-14）。此类布局方式常见于城市中的街头绿地、商业步行街的节点处理、若干公共建筑围合而成的小型公共休闲绿地等，因其平面布局讲求美观及节奏，故也常用于强调俯视效果的高层建筑底部的小型庭院布局。

图 1-13　法国凡尔赛宫

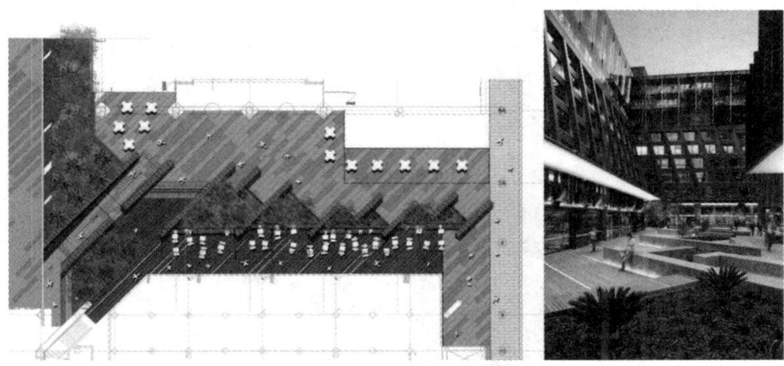

图 1-14　墨尔本圣詹姆斯广场

（图片来源：https://www.gooood.cn/st-james-plaza-by-aspect.htm）

（三）自然式

自然式布局方式给人以自然、轻松之感。自然式布局以大自然为蓝本，构成生动活泼的景象。自然式布局方式没有明显的主轴线，水体、道路轮廓线均依整体设计构思、立意及地形变化而设，没有轨迹可寻，地势起伏自然，建筑造型自由，不强调对称，且与具体地形有机结合。此类布局设计中，水体形式以平静、自由、流淌的水体为主，结合瀑布、叠泉、溪流、雾喷等形式，而较少采用科技感重的喷泉形式；植物种植师法自然，生物群落层次丰富，布局自由，尊重植物自然生长的形态，依照植物不同的生物特性合理配置，营造符合整体立意的空间氛围。自然式布局方式常用于城市中的休闲性绿地、公园（见图 1-15）、度假村、居住区绿地、风景名胜区等。

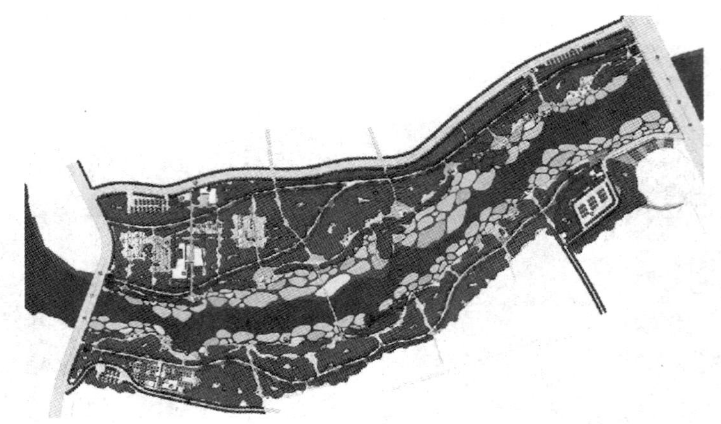

图 1-15　秦皇岛市汤河两岸带状公园的自然式布局

（图片来源：https://www.turenscape.com/project/detail/336.html）

（四）混合式

混合式布局方式是规则式与自然式布局方式的综合使用，此种方式在现代景观设计中被大量使用。在一些规模较大的景观规划设计中，人们往往在最重要的构图中心及主要建筑物周围采用规则式布局，而在远离它的区域，则采用渐变的方式，利用地形的自然变化及植物的种植方式逐步过渡到自然式的布局状态（见图 1-16）。这样的布局既有规则式整齐明快的优点，又具备了自然式活泼、生动、富于变化的特征，赋予人们更加丰富多样的体验。

图 1-16　哈尔滨体育公园

上述四种布局形式各具特点，各有所长，没有优劣之分。设计师只有结合具体的用地条件、使用人群、用地性质、周边环境等因素，综合考虑，才能设计出最为合理恰当的布局形式。

三、按景观场地的尺度分类

通过设计场地面积的大小，可以将景观艺术设计分为社区公园、庭院空间和景观细部三个尺度。在设计构思过程中，不同尺度的景观空间会有不同的设计深度。设计会随着其推进而逐渐深入。例如，一个社区公园在开始设计时，考虑的是各种要素的空间组织，比如球场、卫生间、停车场等功能之间的相互关系及其与周围邻里的相互关系。但到最后，这种强调必须转向空间和细部尺度，以深化公园特定场地的特定设计和相应的施工图设计。当设计转向细部尺度的时候，设计方案的严密性也有所增加，图纸表达的方式也会适当改变。一般来说，在转向细部尺度时，图纸的比例尺度变大，设计的内容更加细致。

第二章　景观环境与行为心理

景观设计与人们的生活密切相关，它最终的目的在于满足人们的使用要求和心理需求，创造更为美好的生活环境。景观设计师通过对景观空间形态的营造来表达对使用人群的关怀与使用行为的理解，而纯粹将景观设计形式化、神秘化其实是对设计的误解。景观设计师应该更多地考虑大众的行为需求，创造一个充满人性的生活、娱乐、休憩的户外场所。对于景观环境中人的行为研究应侧重于考察、分析、理解人们日常活动的行为规律（如空间分布、使用方式）及其影响因素（如心理特征、环境特征），这是景观设计的前提条件。

人性化景观设计包括对人的生理和心理两个层面的关怀，不仅仅是满足人的使用需求，更重要的是从人的尺度、情感、行为出发，充分考虑日照、遮阳、通风等环境因素，使人们都可以享受丰富多彩的户外休闲活动的乐趣。

对于景观空间环境来说，人的行为与空间环境密切联系，相互制约。人们一切的外部行为都是在一定的空间环境中展开的，因而会受到诸多环境因素的影响，例如光照、颜色、气味与声音。一定的空间形态还会诱发特定的环境行为，人的诸多心理特征也会影响行为的发生，例如人的领域感、依托感与趋光心理。人的不同年龄、不同性别也会对个体行为产生影响。人们的受教育程度也会在一定程度上改变人的行为。景观设计必须综合考虑这些因素，从人的空间体验出发，以服务大众为目的，真正实现以人为本的景观艺术设计。

第一节　景观环境中的行为空间

就空间形态而言，景观空间的存在形式分为面域空间与线性空间两类。不同形态的空间又有“动态”与“静态”之分。动态空间给人可穿越和流动性的心理感受，往往是一种线性的空间形态；静态空间给人逗留、活动与交往的心理感受，包括广场、绿地、院落等类型，具有一定的向心性和围合性。

从空间的使用要求及特性上看，居住环境可以分为公共性空间、半公共性空间、半私密性空间和私密性空间四个层次，公共空间的景观环境可以划分为公众行为空间与个体行为空间两大类（见图 2-1、图 2-2）。

图 2-1　公众行为空间

图 2-2　个体行为空间

一、公众行为空间

公众行为空间对应于群体行为，是给群体市民使用的场所，包括街头绿地、公园、广场和花园等，也包括更小范围的公共空间，如宅前道路、空地、公共庭院及小型活动场地、绿地、花园等。行为类型包括群体健身、舞蹈、集会、表演等活动。其特征为空间开阔、彼此通视、场地平坦或有微坡、有围合感，场地具有集聚效应，中心往往存在一个核心空间可以开展各类活动，围绕核心空间常常散布小型的侧空间供人们休憩、驻足。公众行为空间设计的关键是有效地提高场地利用率，并满足多种活动需求。因而恰当的空间尺度、围合感，有效的功能组织，适宜的环境设施是公众行为空间设计应着重研究的方面。理想的公众行为空间会成为市民进行户外活动和交往的主要场所，而不恰当的环境设计则会造成景观环境中无人问津的空白地带。

二、个体行为空间

个体行为空间指相对于群体空间而言，供个体活动所使用的空间环境，包括聊天、运动、休憩等活动类型，同时也包括一些特殊行为和使用方式等。此类空间特征为尺度较小，围合领域感较强。这类空间设计的关键在于充分考虑个性行为对空间的需求，特别是对环境细节的考虑，例如宜人的气候、舒适的温度、芳香的花草灌木、细腻的铺装材质、人性化的景观设施等，同时还应考虑空间使用的模糊性和通用性，即在同一种环境中满足多种行为需求的可能性。

第二节　景观环境与行为心理

行为必须处于一定的场所中才能见到，如人们在公园里散步，在街道上聊天，坐在广场台阶上观看表演，等等。人们不能脱离一定的场所，正如人们不能停止其行为一样。总有场所存在，因此，总有场所与行为的关系存在。场所为行为提供空间依托，人们在场所中活动，必然就需要相应的景观要素满足人们的各种各样的行为活动，比如人们的休憩行为需要休憩设施（如座椅、台阶、花池等）。活动的增多促使场所的改善，而场所的改善又促使更多人在场所中相互交流。可以看出，景观场所与大众行为是一个相互影响、相互联系、相互制约的辩证统一关系。可以说场所是行为的容器，承载着行为，同时也诱发和影响着行为。

一、大众行为的心理需求

心理学家马斯洛提出，人在社会中有五种需求，即生理需求、安全需求、社交需求、尊重需求和自我实现的需求（见图 2-3）。安全需求包括心理上和物质上的安全保障，如远离风霜雨雪等自然灾害和野兽的侵袭，预防危险事故等；社交需求既包括通过交往获得友谊、爱和群体的归属感，也包括人们对于长期工作和生活所熟悉地区的归属感和依恋；尊重需求，即对自身价值有坚定的信念，并尊重和承认别人；自我实现的需求，指通过自己的努力，实现自己对生活的期望，从而对生活和工作真正感到有意义。

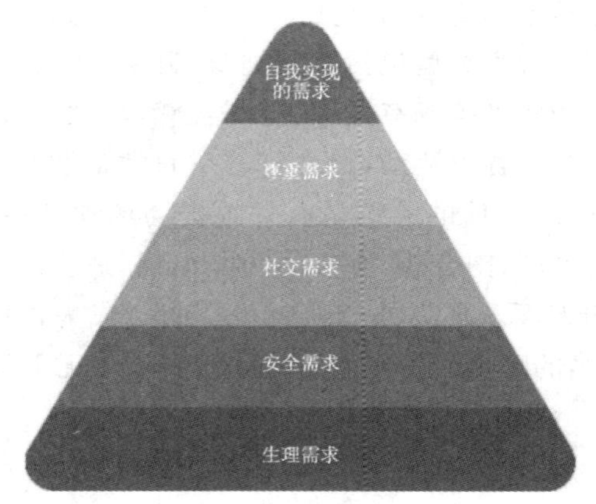

图 2-3　马斯洛需求层次理论

马斯洛的需求层次理论认为，需求会直接影响人的行为，需求是人类内在的、天生的、下意识存在的，而且是按先后顺序发展的。人的需求按重要性和层次性排成一定的次序，当人的低层次需求得到满足后才会追求高一层次的需求。

（一）观看的需求

大多数人在闲暇小憩的时候都是选择面对人们活动的方向，观看不断变化的景物。看与被看的观景需求，要求在设计中考虑给人们提供看的条件，设计适当的“舞台”和“观众席”。“舞台”指相对开放、活动的部分，可以是交通空间也可以是公共活动空间，“观众席”则是相对安静的部分，可供人静坐或散步，并使处于该部分的人有朝向“舞台”的视线，如此设计才能诱发“人看人” 现象。居高临下常常会获得良好的视野，因此在景观空间中设置适当的制高点，并确保良好的视野和通畅的视线通道是很有必要的。

（二）交往的需求

交往是人的一种心理需求，交往空间是行为的载体，需要反映的是身处其中的不同交往对象在不同交往内容里的行为特征。

（三）审美的需求

审美的需求反映着人的精神需求，同时也反映着人的高度认知能力，是一种最具有直觉性、个体性、情感性和创造性的健全心理。审美心理在感知审美对象，获得审美情感的同时，会根据一定的审美理想，通过联想、幻想以及诸如通感、错觉等形式，进行创造或再创造活动，创造出尽可能独有的、有个性特色的、传情达意的审美对象。

二、大众的行为心理

（一）个人空间

我们每个人都被一个看不见的个人空间"气泡"所包围，当我们的"气泡"与他人的"气泡"相遇重叠时，就会尽量避免由于这种重叠所产生的不舒适。这个"气泡"就是个人空间（见图 2-4）。个人空间并非个人的，而是人际的，只有当人们与他人交往时，个人空间才存在。在社会交往中，个人空间会有所变化。和熟悉的人交往时，人们的距离会近些，可以低头私语，但是与陌生人就会有意识地保持一臂远的距离。个人空间根据环境也会有所伸缩。比如在拥挤的公共汽车上，个人空间会被严重压缩，人们在忍耐时会避开眼神和身体的接触；在开阔的广场上，个人空间会增大，人们会自在地观看其他人的活动。

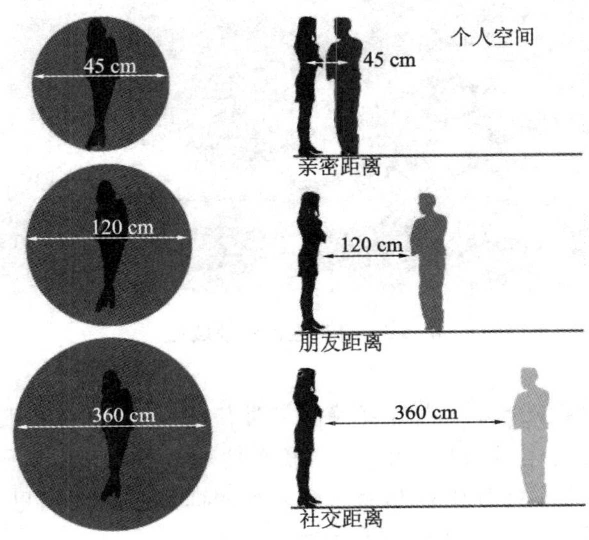

图 2-4　个人空间示意图

个人空间随个体的年龄与性别、文化与种族、社会地位与个性等的不同而变化。比如儿童之间的距离保持得比较小，老年人的人际距离也很小，中青年人则较大。儿童与老年人喜欢靠近其他人，喜欢热闹甚至嘈杂的场合。景观环境中常常可看到陌生的老人在儿童玩耍的区域停留，因此，景观艺术设计中老年人的活动场地可以与儿童的活动场地适当相邻。

（二）领域性

领域是指由个体、家庭或其他社群单位所占据的，并积极保卫不让同种其他成员侵入的空间。领域可以由围墙等具体的边界限定，有可能是象征性的、容易识别的边界标志或是使人感知的空间范围。领域大小根据不同的接触对象和不同的场合，在距离上各有差异。设计中可以通过空间的适度围合，形成可以增强使用者的安全感和领域感的积极空间。领域的划分不需要明显的隔断或边界，一个遮挡风雨的顶棚、不同铺装材质的地面、几片围合的墙体就能帮助人在心理上形成领域感，分开各类不同的人群。例如，图 2-5 中廊架形成的领域空间，使得廊架内的休憩者与廊架外的过客在心理上截然分开，虽然视觉空间上是连通的，但是心理感受却截然不同。底界面铺装材质的特殊处理、地面的升起与降低、空间的围合也能营造出领域感。例如，某街头三面围合的高起的场地，形成了领域感强烈的室外酒吧区，与前面的人行道相区别，同样，顶界面也能形成强烈的领域感，街头的玻璃廊架与抬高的地面共同营造出了休憩的空间。

图 2-5　廊架空间的领域性

（三）私密性

私密性可以定义为个人或人群有控制自身与他人接近，并决定什么时候，以什么方式，在什么程度上与他人接触的需求，私密性是一项动态的界限调整过程，从社会属性上可分为个人私密和组群私密。个人私密即在私密空间里只需要满足一个人的获得即可，这个空间与其他空间相对独立。组群私密需要在私密空间里考虑到多个人的活动，且不受周围环境的干扰，这种空间适合多个好友的聚会、聊天等。

人类既需要私密性也需要相互间的人际交往，因此，对每个人来说，既要能退避到有私密性的小天地里，又要有与别人接触交流的机会。景观艺术设计中的一个基本点就在于创造条件取得两者间的平衡，满足两方面的需要，即私密性与公共性。在尺度相对较大的公共空间中，人们更喜欢选择在半公开、半个人的空间范围中停留和交流。这样，人们既可以参与本组群的公共活动，也可以观察其他组群的活动，具有相对主动的选择权。

（四）边缘效应

人们在环境中都希望能占有与掌控空间。当人们处于场地中心时，往往失去了对场地的控制力与安全感。只有当人们处于边缘与尽端时，才能感受到这是一个可以自由掌控的空间领域。所以那些用实体构筑物作为依靠的角落或者那些凹入的小空间最受游人青睐。例如，在公园中，最受欢迎的座位是凹入的有灌木保护的座位而不是临街的座椅。同样，在餐馆中，有靠背或者靠墙的座位总是被优先占用，无论是散客还是团体客人，都不会优先选择餐厅中间的座位。因此，无论是广场还是街道环境，人们的活动总是从空间范围的边缘开始，逐渐扩展开的。所以，如果环境中边缘空间设计得合理得当，整个景观环境就会有生气，反之则会了无生机。在实际运用中，过渡空间不一定是清晰明确的。柔性边界作为一种既非完全私密、又非完全公共的区域，是很好的过渡空间形式，常常能起到承转连接的作用。例如，景观场所中常见的骑楼、敞廊、雨篷、树林边缘的树冠下部空间等灰空间的合理设置，为人的行为提供了多种支持。

（五）依托的安全感

景观环境中的人们，从心理感受来说，并不是希望场地越开阔、越宽广越好。人们通常在空间中更愿意有所“依托”。这可以理解为个人或群体为满足安全感的需要而占有或控制一个特定的空间范围及其中物体的习惯。安全感是人类最基本的心理需求之一。因此，人们都趋向于坐在场地边缘的座椅上，依靠于大树、灌木或景墙，而场地中心则由于缺乏心理安全感常常无人问津。相对于坐在开阔草坪中没有依靠的座椅上，人们更倾向于把座椅当作靠背以增加依托的安全感。因此，在景观艺术设计中，应充分考虑人们对依托的安全感的心理需求，利用景观环境中的街灯、树木、柱子等为人们站立提供依靠的支持物，也为短期逗留行为提供支持。

（六）趋光效应

此外，在景观环境中人们还表现出“趋光心理”。光照能使人心情愉悦、充满安全感，利于人们交往与活动的开展。在一般的春秋季节人们更愿意在阳光下开展休闲活动，景观环境中的主要活动场地应该有充足的自然光照，不应被其他物体所遮挡。同时考虑到夏季日光的暴晒，人们不得不借助广场建筑物或绿化遮阴，座椅与休憩设施应该在保证有充足光照的情况下又有所遮阴。

（七）坡地效应

在景观环境中，缓坡与台阶往往是最集聚人气的地方，如果有良好的风景朝向，则会成为人们休憩停留的最好去处。这是因为,一方面缓坡、台阶的空间形态符合人们休憩的生理特征,适应人的坐憩行为要求,同时原来平地上的人际距离因为缓坡、台阶能够得到缩短;另一方面,人群间彼此的不遮挡与通视也可满足人们保持良好视野的需要,而坡面的单向性,也可避免陌生人之间对视的尴尬。

坡地可以设计成阶梯状,也可以利用地形变化使不同类型的空间借助地形变化得以自然分隔,使原本较大的场地变成多个具有人性尺度的空间场所,同时上部的空间自然拥有了居高临下的有利位置,下部的人群和风景可令在此放眼远眺的人获得极大的心理满足。景观环境中能见到大量的坡地效应实例。例如,新加坡植物园的斜坡草坡,人们平时常在此闲聊、休憩、观赏美景,周末举办室外音乐会的时候,更是聚集大量人群,是公园内最聚人气的场所,实景见图 2-6。欧洲许多公共建筑前宽大的台阶也成为人们休息、聊天和观景的理想场所,如罗马西班牙大台阶上总是坐满了游客,实景见图 2-7,良好的视野与群聚效应使得这里成为一道奇特而有趣的风景线。

图 2-6　新加坡植物园斜坡草坪

图 2-7　罗马西班牙大台阶

第三节 景观环境中的使用人群

根据年龄差异，可以把景观环境中的使用人群划分为三大类：老年人、中青年人和少年儿童。老年人的活动规律一般是在早晨和傍晚跑步、散步、打拳、跳舞等，反映出群体性的特点；中青年人的活动规律一般是在休息天或晚上，呈现出独立性和休闲性的特点；少年儿童的活动规律一般是在周末或放学后，呈现出流动性、活泼性、趣味性的特点。

景观环境中不同人群的行为方式迥异，对景观环境使用情况是不同的。老年人是室外环境的主要使用人群，中青年人次之，少年儿童使用最少。同时不同类型的景观环境使用群体也有差别：交通型空间和商业型空间中中青年人最多，而社区休闲型和综合型空间中老年人最多。三类人群行为方式本身也存在很大差异，老年人多喜欢三四人聚集在一起活动，分布相对集中，中青年人则更偏好独自或两三人组团活动，分布相对零散。从时间上看，老年人是全天候的环境使用者，中青年人则常常于傍晚和晚上出现在景观环境中。

一、老年人群体

在老龄社会里，老年人是景观环境中的主要使用群体，户外环境中的老年人活动区使用率是最高的。作为景观环境主要使用者的老年人，年龄集中在55～75岁。这个年龄段老人的活动特点是能够独自展开活动，活动类型不受限制。其活动类型可以分为动态活动与静态活动两类，无论哪类活动都需要宽敞的活动场地与适宜的气候条件。动态活动主要指老年人的户外健身运动，主要包括交际舞、扇子舞、跳操等（这类活动的特点是人数多，需要相对较有围合感，面积较大的场地，因此对周围环境影响较大）。此外还包括太极拳、太极剑等，这类活动占地面积小于舞蹈类活动，较为安静，与其他活动相容性较高。静态活动主要指老年人打牌、下棋和遛鸟等户外休闲活动，这类活动以群体娱乐为主，常常三五成群，驻留时间较长，需要大量的公共桌椅，并有所遮蔽。

老年人群的心理特征较为复杂，一方面老年人希望处在安静的环境中，不希望受到交通喧哗的影响，偏好于停留在视野开阔而本身又不引人注目，并有所依托的场所。因此，老年人的休憩活动区域应与其他区域适当保持距离，同时又彼此相连。另一方面老年人也正是因为渴望与人交流，害怕寂寞才来到公共环境中，因此需要为老年人提供尽可能丰富多彩的活动类型和社会交往的机会。例如，在环境中设置亭廊以及数量足够的桌椅以诱发老年人的交流活动（见图2-8），同时老年人活动场地应避免其他活动的干扰，尤其是穿行交通。

图 2-8　聚集在亭子周围的老年活动

二、中青年人群体

中青年人是景观环境中的主要使用者，对环境质量要求较高，对环境设施、个体性空间、适宜的气候、温度条件更为关注。他们的活动分为静态活动和动态活动两类。静态活动以交谈、观察、演讲为主要形式，人数一般在两人以上，要求场地有所围合，有适宜的自然环境与环境设施，如亭廊、座椅，占地面积一般不大；动态活动以球类、轮滑、街舞等为主要形式，参与人数较多，常在四人以上，要求场地开阔，地面平坦，以羽毛球为例，场地大约在 5 m×10 m 以上。

三、少年儿童群体

少年儿童是景观环境中常见的使用人群，其行为方式与成年人显著不同。少年儿童心理特征较为特殊，对于环境的反应比成人更加直接与活跃，越是人多嘈杂的环境儿童越发兴奋，越愿意表现自己。适当将儿童活动场地与其他人群活动场地混杂，有利于激发其活动欲望，集聚场地人气。

少年儿童活动常常三五成群，多选择场地的中心地段活动，以便获得更大的活动范围。场地要求较为开阔，铺装形式宜多样化，既可以是一块硬质铺装，也可以是一片草地或沙坑。同时适当远离交通地段，以免带来危险，场地环境应尽量亲切温和，有所遮挡，避免强风。少年儿童好奇心强，对环境敏感度高，在公共空间中应该多设计些能诱发他们想象力的游憩设施，除了秋千、跷跷板等设施，还要提供适合少年儿童身体发育及运动方式的器具，如：跑、跳、攀爬。还可以提供浅水、喷泉等游乐设施。此外，少年儿童的活动常常有家长陪伴，因此在他们的游戏场地也需要考虑成人的休憩设施。

青少年群体自主性较强，常常集体活动，三五成群独自寻找游憩环境与设施，热衷于冒险、刺激的游憩活动，场地比儿童活动空间更宽广，活动类型更丰富。

第四节　景观环境中的大众行为方式

一、户外活动分类

扬·盖尔将人们的一切户外活动总结为必要性活动、自发性活动、社会性活动三种，并且这三种活动形式对环境质量有着不同程度的依赖性（见图 2-9）。

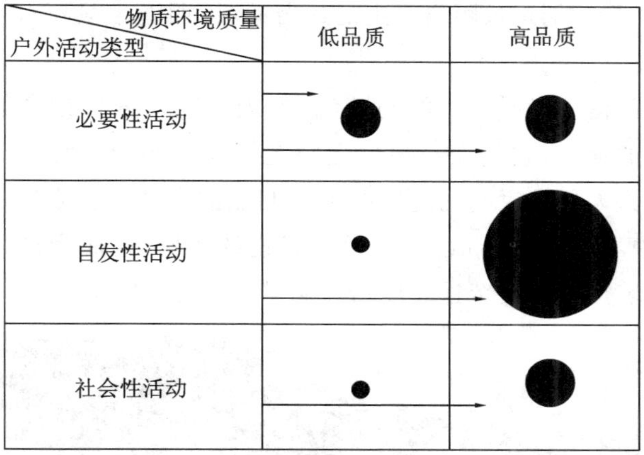

物质环境质量 / 户外活动类型	低品质	高品质
必要性活动		
自发性活动		
社会性活动		

图 2-9　不同户外活动类型与物质环境质量的关系

必要性活动是指各种条件下都会发生的行为，它包括上班、上学等日常活动。这些活动很少受物质构成的影响，一年四季均会发生。因为这些活动是必要的，相对来说与外部环境关系不大，参与者没有选择的余地。

自发性活动是指只有在人们有参与的意愿，并且只有在适宜的户外条件下才会发生的行为，例如观赏景色、休憩、个体健身等。对于景观艺术设计而言，这种关系是非常重要的，因为大部分宜于户外的娱乐消遣活动恰恰属于这一范畴，这些活动特别依赖于外部的物质条件。

社会性活动指在公共空间中依赖于他人参与的各种群体活动，例如集体健身、儿童游戏、交谈聊天等。人们在同一空间中徜徉、流连，就会自然引发各种社会性活动，这就意味着只要改善公共空间中必要性活动和自发性活动的条件，就会间接地促进社会性活动。

为了更好地研究景观环境中各种行为特征与空间环境的对应性，在扬·盖尔对户外活动分类的基础上，根据环境中行为的发生频率进一步把环境中发生的行为分为必然性行为、高频行为、偶然性行为。根据发生频率研究环境中常见的行为模式，有助于更好地把握不同的行为模式和特定的空间形态与环境之间的关联。

二、景观环境设计中的大众行为

自发性活动和社会性活动是景观环境设计最常考虑的大众行为模式，具体包括以下几种。

（一）停憩

停憩可根据动作方式不同分为站和坐两种。一般来说，站的时间较短，对周围环境的选择性相对弱一些；坐的时间较长，对周围环境的选择性相对强一些。由于坐更能消除疲劳感，特别是长距离行走的疲劳感，因而通常只要有可能，人们总是选择坐，不是站。

人们在选择停留地点时，往往会选择在凹处、转角、入口或者靠近树木、小品之处有可依靠物体的地方，它们在小尺度上限定了休息场所，满足了人们对领域感的需求。这些地方为人较长时间的逗留提供了明显的支持。巴塞罗那古埃尔公园（建筑师高迪设计）中，悬挑的平台边缘被设计成连续的座椅，成为极佳的观景区域，同时彩色马赛克的装点则使这个连续座椅充满魅力（见图 2-10）。

图 2-10　巴塞罗那古埃尔公园悬挑的平台边缘座椅

要改善城市景观空间的质量，最有效的做法就是创造更多、更好的条件使人们能安坐下来，座位的布局应在对场地的功能进行通盘考虑的基础上进行，而不是盲目地增加座椅的数量。除了基本座位以外，如台阶、植坛、矮墙等空间中的其他构件设计应考虑隐形座位的作用。通常由坡道和台阶组合联系着的两个不同标高平面的区域，会成为最受欢迎的静态活动区域，因为它除了满足人们的多功能需求外，还可作为极佳的观景点，并且坡道和台阶组合本身产生了有趣的空间效果（见图2-11）。

图 2-11 美国达拉斯 AT&T 艺术表演中心前广场人们或依靠或坐在花坛边缘

(二)逗留

逗留是人们在场所中进行其他行为的前提。逗留一般表现为停下来等待、驻足观望、问路、攀谈等。这类行为往往是由感兴趣的事情或者是某种有目的的事情而引起,由于时间短,对场所环境影响不大,但是人们逗留的同时也为场所增添了人气,会吸引更多的人来场所游憩。

受欢迎的逗留区域一般为背后有依靠,前面视线开阔的一种边缘场所。背后可以是建筑物、沿街的柱廊、雨篷、遮阳棚、灌木、景观小品等。在这种场所中,人们很细心地选择在凹处、转角、入口,或者靠近柱子、树木、街灯之类可依靠物体的地方驻足,它们在小尺度上限定了休息场所。人们可以部分地隐蔽起来,不会处于众目睽睽之下,同时又有良好的视野,能很好地观察其他人的行为。

许多欧洲城市广场上的护柱为较长时间的逗留提供了明显的支持。人们倚靠在护柱上,或者在护柱附近站立、玩耍及放置东西。几乎所有的站立行为都是以护柱为中心,这些护柱恰好布置在广场中两个区域的边界。如果空间荒寂而空旷、立面缺乏有趣的细部,如凹处、门洞、出入口、台阶等,就很难吸引人找地方停下来。

除了那些在一定程度上是为消遣性小坐而设计的基本和隐形座位之外,要充分考虑人们对歇息性座椅的需要,这些座椅应按照一定的间距布置在城市各处。在设计休息座椅的时候还应该充分按照人看人的视线范围,坐姿形式,座位的朝向,座位的材料、数量来设置。

(三)散步

人们喜欢下班后在环境优美的地方散步。散步有利于放松心情,舒缓紧张的神经,同时也是一种锻炼身体的方式。喜欢散步的人群的不同,导致他们对散步空间的需求也各不相同。

家庭组人群的散步行为，多数以教育孩子、引导孩子亲近自然为目的，当然有时也观察人群和交流，这时较为开放、以绿色植物营建的空间最受欢迎。男女成对的散步人群，散步时以交谈为主，喜欢人流量少的，较为幽静安全的环境。这时曲径通幽的园路是他们的最爱。单个的散步人群往往散步即“散心”。空旷、开敞、简洁、静谧、富有人情味，回归自然感觉的绿色环境对他们有极大的吸引力。带婴儿或者宠物的散步人群，大多数时候是为了创造交流的机会，宽敞开阔的道路和小型场地是他们的首选。

人对景观空间中散步空间的需求不同于日常的步行要求。散步活动往往和欣赏美景等一系列其他活动结合在一起(见图 2-12)。步行线路的设计极为重要，倘若对散步道两侧的景致一览无遗，散步活动就会变得索然无味，同时设计中主要步行道应该平缓而适于人的行走，而其他的小径则可采用适当的粗糙质感的路面材料铺装并适当设置高差变化，蜿蜒而富于变化的散步道会使步行变得更加富有情趣，令人心情愉悦。当主要步行道有高差变化的时候，应同时设置平缓的坡道，以满足通用设计的要求。

图 2-12　法国里昂宽阔的人行散步道

通常散步道都比较狭窄，因此可以充分利用边缘效应在其周围安排一定的空间，以强化连续变化空间的尺度对比效果。这样既为人们提供了足够的休息场所，又满足了人们对空间变化的要求(见图 2-13)。同样，鉴于边缘效应，在开阔的景观空间周边设置散步道并利用树林、矮墙或骑楼等空间围合物支持，同样具有很高的应用价值。当人沿其边界散步，既保证了人对安全感的需求，同时又拥有了开阔的视野和欣赏开阔空间景观的良好角度。

图 2-13 商业园区中边界变化丰富的散步道

（图片来源：https://www.gooood.cn/beiqijia-technology-business-district-beijing-by-martha-schwartz-partners.htm）

（四）交往

交往是人通过参与他人的行为互动而获得信息和心理满足感的行为。交往的基本方式是交谈，城市商业中心内人们的交谈可以分为三种，即结伴同行者之间的交谈、路遇熟人的寒暄以及陌生人之间的交谈。这三种交谈对于周围环境的最基本要求都是背景噪声不超过一定限度。通常情况下，当背景噪声超过 60 dB 时，人们必须凑近对方的耳朵或者将音量提高到近于喊叫的程度才能让对方听清自己所说的话，此时交谈就几乎无法进行了。

（五）观看

人们在场所中无一例外的是通过观看来获取信息、调整心情。目前城市中大多数人的工作生活或多或少处于拥挤、忙碌、嘈杂的环境中。所以人们就很希望到户外散心、解闷，解放被禁锢的视线乃至心情。这就要求设计师把场所中的景观质量提到重要位置。

开阔的视野一方面可以通过居高临下的方式获得，如在传统的园林设计中，人们喜筑山，并在山巅设观景亭；另一方面，可通过地形的起伏变化扩大空间感，具有适度地形变化的景观比完全平坦的景观更具有吸引力。观看对审美也有要求。人们需要在场所中体会、体验美感，通过美的环境使自己身心愉悦。所以在景观环境设计的造型、色彩、比例尺度上就要考虑人们的心理，以创造出场所的趣味感。

（六）感受

感受可以分为视觉、听觉、嗅觉、心理等几种类型，它是人通过自身的感官直接从外界获悉信息的结果。人在场所观察的主要内容包括景色、场所中的人及其行为。人的视觉习惯是抓住重点目标,形成整体印象,因此空间中的内容既不能琐碎拥挤,又不能过于单调。人的视野既不能受到过多阻挡,也不能开阔得一览无余。

(七)聚集

聚集是景观环境所力图营造的公共性与交流性的空间特征。人们来到景观环境中是为了休憩或交流,而交流就需要与他人交谈或协作。景观环境中的活动也会诱发人们的聚集,因此,人们在公共空间中就不可避免地以一个个聚集的小群形式存在。每个小群少则两三人,多则以一个小群为中心,周围聚集多组人群。人性化设计是聚集的前提:首先,需要提供相当数量的座椅,并能够在形式和色彩上形成交往中心;其次,座椅的间距必须合适,并且边界丰富;最后,拥有良好的视野(见图 2-14)。

图 2-14 广场上的临时装置吸引了大量的人群

第五节 景观环境的人性化设计

人性化设计就是依据人的尺度与行为来设计人的户外空间环境,即基于景观空间中人群行为活动的特征及其生理、心理需求,为人的不同行为创造与之相应的适合场所。景观空间中只有加入人的行为、活动,才能成为有活力的场所,离开人的活动就失去了意义。因此,景观环境的各细节都应当体现人性关怀,充分考虑日照、遮阴、风力等环境因素对人的影响,在满足不同人群的使用,互不干扰的前提下,提供不同年龄段人群的交往、共处空间。景观中的设施应符合人体尺度,方便使用并布置在显眼的位置。

一、研究景观环境中潜在的交往行为

不同的景观环境中可能发生的潜在交往行为是不同的,这是由不同环境的特征决定的。例如:社区公园中常见的行为有聊天、棋牌、健身等;商业景观空间中常见售卖、休息、表演等；文化性景观空间中则常见各种文化表演活动。因此，有必要对设计场地中可能存在的交往行为进行研究，为这些活动提供必要的环境设计，以诱发各类交往行为。

二、完善景观设施

景观环境中的设施包括座椅、桌子、休憩亭廊、信息指示牌等，这些设施能吸引人们来休憩，进而诱发人们之间的询问、聊天和棋牌等交往行为。图 2-15 对比了不同形式的座椅适合和不适合的行为类型。景观设施的设计要考虑人的尺度和行为，符合人体工学，方便使用。比如户外座椅高度一般设在 45 cm 左右，过高、过低都会造成使用的不便；一般的亭子和廊架高度为 3～4 m，宽度为 3～6 m，过小会使人压抑，过大则不适宜停留、休憩。

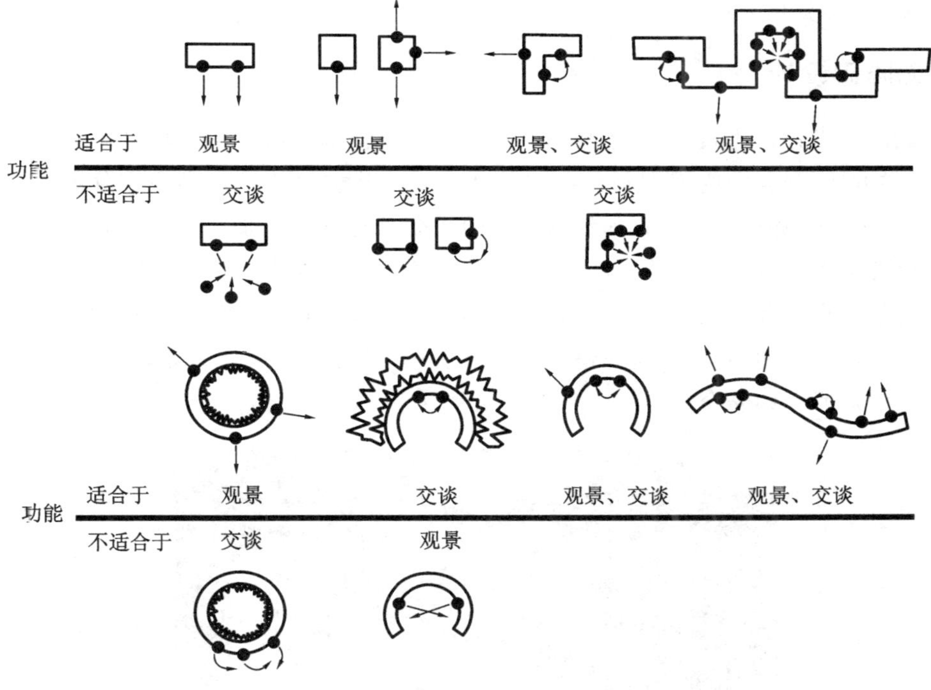

图 2-15　座椅形式与交往行为

三、合理的路径设计

景观环境中的路径不仅仅是交通的通道，也是活动的空间。路径设计的目的是使人在场所内或场所之间便捷地通行。路径设计要综合考虑不同的游览方式、不同使用者的特点与行为模式，化解不必要的冲突（如机动车对行人的干扰）。对目的性较强的交通穿越行为应提供便捷快速的路径，而对目的性较弱的游览或者散步路径可以有所曲折，甚至蜿蜒迂回，但应有丰富的路径形式和较好的周边风景。路径设计可以通过增加游步道、设置环形步道或延长游览路线的方式来增加人们在户外空间停留的时间，进而诱发潜在的交往行为和驻足观赏行为。

四、丰富的边界形态

对于良好的景观空间来说，应当特别重视边界效应的应用，利用空间边界线的凸出或凹进吸引或滞留人群，为人创造出适宜逗留的亚空间。景观空间的边界形态是多样化的，可以是人工营造的地形、挡墙、台阶，也可以是长椅、亭廊和花架。同时景观空间的边界设计应当考虑多种人群的使用，既可被青少年使用，又可被老年人或其他人群使用。景观环境是开放的空间，与周围空间能否渗透是吸引人群的一个重要因素。成功的边界设计应是通透而丰富，曲折而有变化的，并应在适当位置布置休息和观光的空间。

五、无障碍设计

无障碍设计是为残疾人、老年人、儿童等弱势群体去除存在于环境中的种种障碍，提供方便、安全的空间和平等参与的环境。公共空间的设计必须充分考虑无障碍设计，确保弱势群体可以自如地到达和使用公共空间。芝加哥滨河步行道的建设就充分考虑了弱势群体的使用需求，建立了完善的无障碍设计（见图 2-16）。无障碍设计都体现在细部的处理上，比如在台阶的旁边加设缓坡，设置扶手，高的为老年人和行动不便者使用，矮的为坐轮椅者和儿童使用；设置准确清晰的导识系统，增加环境信息的透明性和安全性。

图 2-16　芝加哥滨河步行道的无障碍设计

第三章　景观设计物质要素

从景观艺术设计的角度来说，土地、水体、植物、景观构筑物、景观设施小品及光影是景观艺术设计的六大基本物质要素。一般说来，土地、水体、植物属于自然要素，景观构筑物、景观设施小品及光影属于人工要素。自然要素是构成景观环境的基础，而景观环境的功能性则主要通过人工要素得以实现，两类要素共同构成了景观环境的空间性格。

第一节　土地要素

空间一般由顶界面、垂直界面和底界面围合形成，但室外空间缺少大面积的顶界面和连续的垂直界面。土地要素作为承载景观环境的底界面，可以说是景观空间最完整、连续的界面，对景观空间的营造有着直接的影响。它关系到人的活动内容与形式及其组织，并对景观空间的围合营建起到决定性的作用，可以说土地要素是展开景观艺术设计的基础。

一、地形地貌

景观设计中的地形是指地表各种起伏形状的地貌，如山峰、山谷、湖泊、溪流、瀑布等。地形是整个景观存在的基础，也是景观环境的空间骨架和用来分割空间的柔性要素。地形在景观中能够起到塑造空间、组织排水、组织视线、遮挡噪声、调节小气候、丰富游人体验等作用。

（一）景观地形的类型

景观地形的类型有平形地貌、凸形地貌、凹形地貌（见图 3-1）。

1. 平形地貌

平形地貌一般指坡度小于3%的相对平坦的地形。平形地貌具有较好的视觉连续性，能够使人感觉开阔、稳定、平静、舒适。平形地貌设计时限制较少，适宜做活动广场和休闲公园等。但大面积的平形地貌有可能让人感觉空旷、乏味，设计时可以通过颜色鲜艳、体量巨大、造型夸张的构筑物和雕塑来增加空间的趣味性，形成视觉焦点，或通过构筑物强调地平线和天际线的水平走向的对比，或通过植物等景观要素进一步划分空间，丰富视景层次。

2. 凸形地貌

凸形地貌比周围环境的地势高，具有动感和变化，视线开阔，具有延伸性，空间呈发散状，一方面可组织成为观景之地，另一方面可组织成为造景之地。地势较高的地方容易成为视觉焦点，在凸形地貌的顶端布置建筑、植物等设计要素，会加强其焦点特征，易于突出其重要性。如北海公园的白塔位于琼华岛的最顶端(见图 3-2)，成为全园许多景点中入画的景物，为北海公园的主题标志景观之一。此外，在公园绿地中，还常常运用微地形来避免一望无际的单调景色，这种微地形通常高度不高，是依照天然地貌或人工造出的微小的丘陵状地形(见图 3-3)，它有助于丰富游人的空间体验。

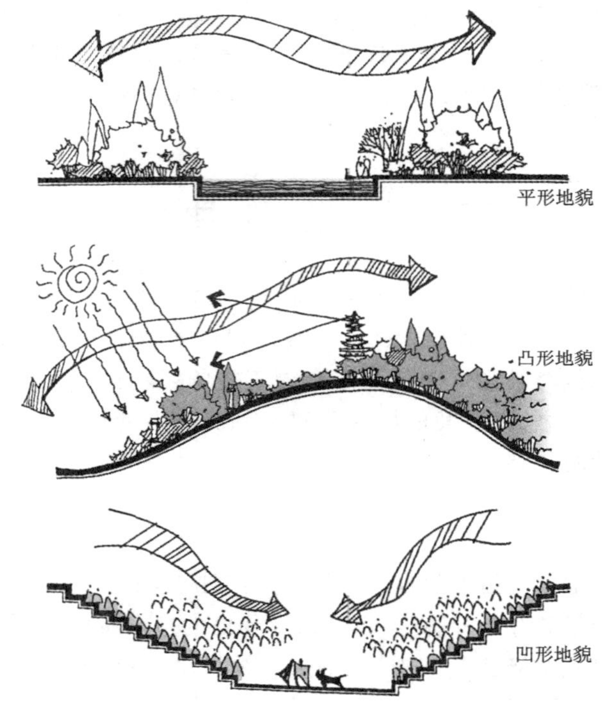

图 3-1　景观地形的三种类型

图 3-2　北海公园的白塔

图 3-3 人工微地形处理

3. 凹形地貌

凹形地貌是呈碗状的洼地，视线通常较封闭，通常给人一种内向、封闭、安静、隐蔽的空间意象，适宜安排下沉广场、户外剧场和下沉景观等。凹地形空间的封闭程度与周围坡度的高度、坡地的陡峭程度以及空间的宽度有关，高差越大、宽度越窄，坡地越陡峭，空间的封闭感越强。凹地形的低凹处具有很强的聚集性，是理想的表演舞台，其倾斜的坡面既可观景，也可布置景物(见图 3-4)。

图 3-4 建在凹地形中的美国蓝岭音乐中心

(二)地形的表示方法

地形在平面图上的表示方法主要采用等高线法和高程标注法。

等高线法，是以某个参照水平面为依据，用一系列等距离假想的水平面切割地形后所获得的交线的水平正投影图表示地形的方法(见图 3-5)。一般情况下，原地形等高线用虚线表示，设计等高线用实线表示。

高程标注法，主要用来标注地形上某些特殊点，一般用十字或原点(有时用实心三角形)标记特殊点，并在标记旁注上该点到参照面的高程，高程注写到小数点后第

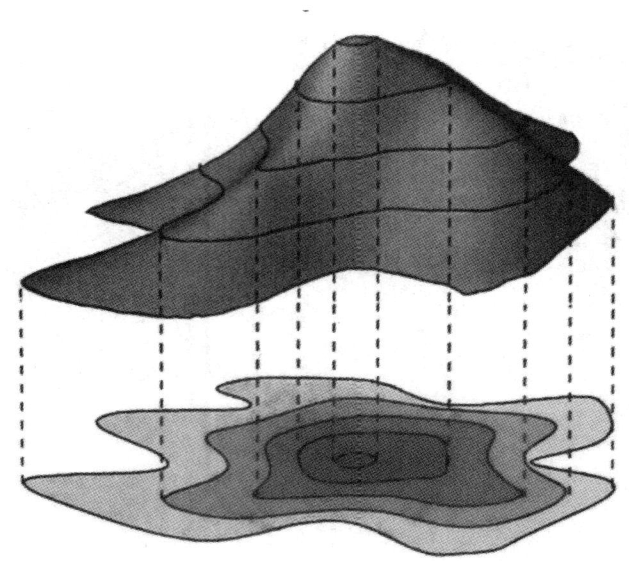

图 3-5　用等高线法表示地形

二位(见图 3-6)。高程标注法一般配合等高线使用,适用于标注坡面的底面和顶面、建筑物转角、墙体等特殊点的高程,其标注点常处于等高线之间。在景观场地的平整及规划等施工图中常采用高程标注法标注高程。

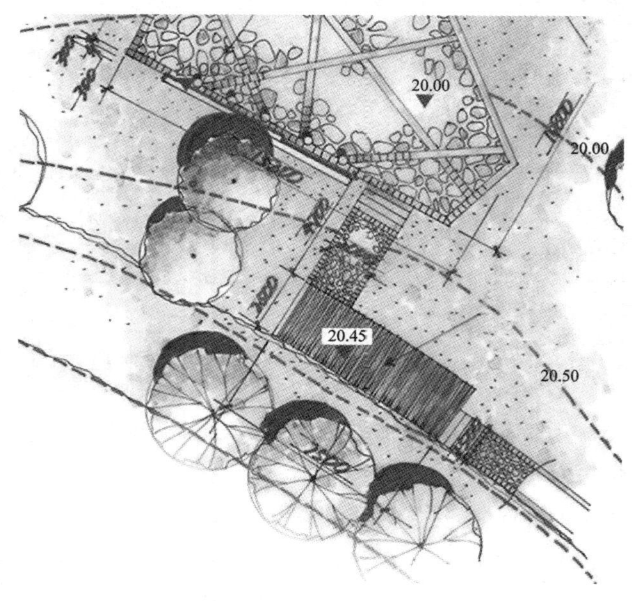

图 3-6　高程标注法

(三)地形设计的要点

景观艺术设计中,首先必须考虑的是对原有地形的利用。不同的功能对坡度的要求不尽相同，在功能布局的时候，应合理安排各种坡度要求的内容，使之与基地地形条件相吻合，尽可能减少地形改造的土石方量。

在景观地形设计时，要考虑利用地形组织空间，创造不同的立面景观效果。适当起伏的坡地能够带来丰富的空间感受，通过在坡地设置台阶、坡道、平台、挑台等方法可以创造多样的空间，使景观的立面轮廓线富于变化。坡面平整后可做成主题或图案的模纹花坛或树篱坛，成为景观环境中的造景元素。

地形设计中，应考虑地形与排水的关系，创造一定的地形起伏，保证地形具有较好的自然排水条件。较陡的地形可在坡顶设排水沟，在坡面上种植树木、覆盖地被植物、布置石块等防止滑坡和水土流失。

（四）地形设计中的构筑物

1. 挡土墙

挡土墙的主要功能是在较高地面和较低地面之间阻挡泥土的滑动，它比缓坡节省占地，因此适合于地形过陡、空间局促的场地。挡土墙的高度取决于高低两个地面之间的高差，宜在 1.5 m 以内，超过 1.5 m 的挡土墙需要进行结构计算。

低矮的挡土墙也可以作为供人休息的座椅（见图 3-7），设计高度宜为 40～50 cm，坐面宽约 30 cm。较高的挡土墙相当于围合下层景观空间的垂直界面，设计时应考虑其立面的形式。墙面可设计成与主题有关的浮雕、图案，可以通过质感和色彩的对比来丰富景观层次，还可以做成落水或水墙等水景。Hilgard 台地花园中的挡土墙被设计成高低交错的绿化种植池，打破了挡土墙单调的景象，成为引人注目的景点（见图 3-8）。

图 3-7　低矮的挡土墙

图 3-8　Hilgard 台地花园中的挡土墙设计

（图片来源：https://www.gooood.cn/hilgard-garden-mary-barensfeld.htm）

2. 台阶和坡道

台阶和坡道是连接不同高度平台的通道。台阶由一系列水平面构成，适宜于人们徒步行走，景观空间中的台阶高度略低于建筑室内的台阶，一般为 10～12 cm，踏面宽不小于 30 cm，每隔 8～10 级应设一段平台(见图 3-9)。同一场所中的台阶宜保持相同的踏步高度和踏面宽度，高差较大的情况下，台阶两侧可设栏杆或垂带墙，栏杆高 80～90 cm。

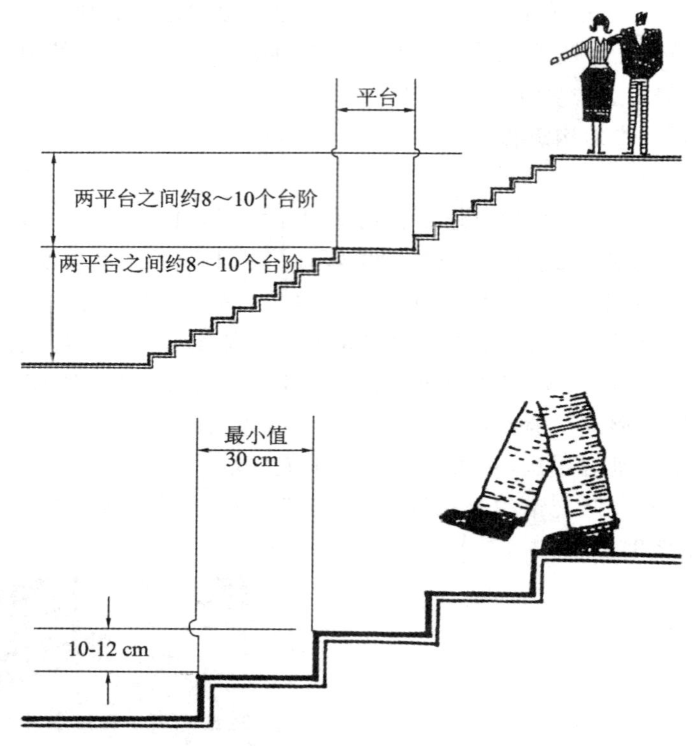

图 3-9　景观空间中台阶设计的要求

同样的高度变化，台阶需要的水平距离比坡道需要的水平距离小得多，但台阶不适用于带轮子的交通工具通行，老年人和残疾人难以使用。因此，台阶周围通常还应设有坡道。为残疾人服务的坡道应非常缓和，坡道的倾斜度应小于 1∶12，宽度应大于 1.5 m，坡度两侧应设置扶手，坡道长度超过 9 m 需设一段休息平台(见图 3-10)。坡道由于占用的空间比较大，其位置和布局应尽早地在设计中确定。

在景观环境中，台阶还有一个潜在的用途，可以作为非正式的休息处。在繁华的公共空间或城市中心的多用途空间中，空间的使用者较多，而休息座椅有限，设置合理的台阶就会成为受人喜爱的休息处。因此，台阶和坡道在满足功能需要的同时，自身也可以成为景观的主体。将坡道与台阶结合起来设计还可以营造出独具特色的景观(见图 3-11)。

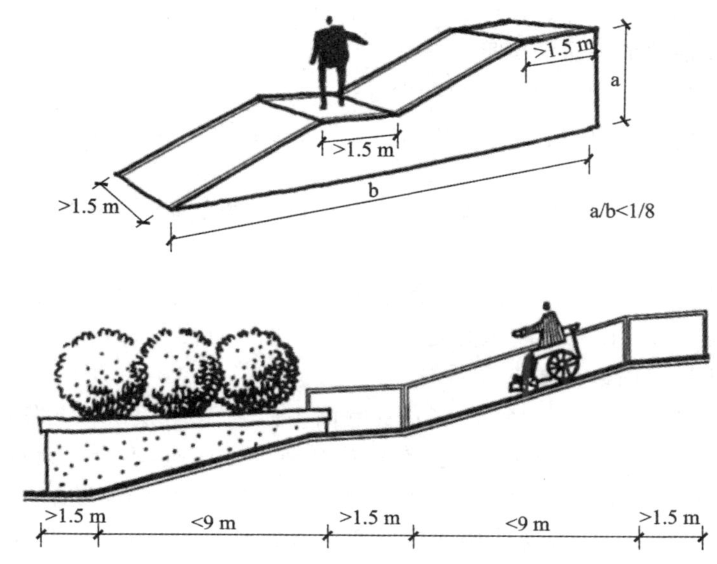

图 3-10　《无障碍设计规划》中对坡道设计的要求

图 3-11　坡道与台阶结合设计

二、景观道路

道路为景观提供了以交通为主要功能的线型空间。它联系了景观中的各个功能区域，并形成了一定的网络构建。如果说地形是整个场地的骨架，道路系统就是整个场地的经脉。道路是景观构图的重要组成部分，它起到组织交通、引导游览、分散人流、联系空间和景点的作用，同时也是人们散步和休息的空间。

（一）景观道路网的布局

景观中的道路网可以分为规则式、自然式和混合式。通过道路网的规划设计，可以营造出庄重的景观轴线，也可以营造出自然休闲的景观场所。结合景点的位置进行视线组织，还可以创造出步移景异的空间体验，为游人营造丰富的景观空间。具体设计时，景观道路网的布局需要根据设计内容及主题来确定，并与地形、水体、建筑物等要素相结合，形成完整的风景构图，创造连续展示景观的空间。

(二)景观道路的等级和宽度

景观道路根据不同的功能分为若干等级。

①主要道路：它贯通于整个景观之中，必须考虑通行救护、消防和游览车辆，宽度一般为 7～8 m。

②次要道路：它是沟通景区内各景点、建筑的纽带，通轻型车辆和人力车，宽度一般为 3～4m。

③休闲步道：它是景区内供游人散步的小径，包括林荫道、滨江道和散步道，一般双人行走宽 1.2～1.5 m，单人行走宽 0.6～1.0 m(见图 3-12)。

(三)景观道路的设计要点

景观道路是户外休闲场所，道路布置宜曲不宜直，顺乎地形，应做到自然流畅，切合地形，避免景观生硬、单调。道路在景观场地内宜环通，不应有无目的地的路和死胡同，也应尽量避免走回头路，不宜设无遮无掩、曲折过多的蛇形路。

休闲步道的设计，应考虑使用人群的年龄和活动心理，适当设置或惊险或平稳的步道。主要的步行道应平缓、适于行走，小径则可以蜿蜒曲折、富于变化，产生曲径通幽的意境。考虑到人普遍有“抄近路”的心理，步行道的设计应尽量直接、明显，避免不必要的绕行。狭窄的散步道周围可安排局部放大的空间，为人们提供休息场所的同时，满足人们对空间多样化的需求。在开阔的景观空间，如水面周边设置步行道具有很高的实用价值。滨水步道不应完全平行于岸线布置，可与水面若即若离，以产生若隐若现、变化丰富的景观。当跨越水面的时候，可用桥、汀步(见图 3-13)、堤等多种方式连接。生态湿地环境中为了避免游客对湿地环境的破坏，同时也使视野更开阔，会将游步道架高，给游客空中漫步的感觉(见图 3-14)。

图 3-12　单人步行道

图 3-13　水中汀步

图 3-14 贵州六盘水明湖公园的空中漫步道

（图片来源：https://www.gooood.cn/minghu-wetland-park-turenscape.htm）

三、硬质场地

广场、休息平台等各种硬质场地，是景观设计中重要的构成要素。一项设计的精致程度往往反映在场地的铺装设计上。如米开朗基罗设计的罗马市政广场（见图3-15），是一块由三幢建筑围合而成的梯形场地，其铺装形式非常巧妙。用白色材料勾勒出的曲线，相互交叉如一朵盛开的花，将建筑群和广场空间统一成和谐的整体。对称的几何图案使人们对这个广场印象深刻。

图 3-15 罗马市政广场

（一）硬质场地的功能

①用于人流集散的硬质场地，如广场入口、公共建筑的入口，一般应具有开敞的

空间特性。设计时，要减少空间的分隔和场地的限制，以便于行人集散、穿行及各类活动的开展。

②用于休憩的硬质场地，如庭院、社区空间等，通常由建筑物或构筑物围合形成，面积和尺度宜亲切，需要设置座椅等休息设施。

③用于休闲健身的硬质场地，需要明确具体的健身内容，选择适宜的健身设施，结合场地铺装进行设计。

④用于娱乐游玩的硬质场地，如游乐场、旱喷广场等，应具有较强的观赏性和参与性，以展开多种多样的活动。

（二）硬质场地的铺装材料

人工铺装材料众多，如混凝土、石块等硬质材料；塑胶、黏土等软质材料；碎石、砾石等铺垫材料，等等。作为景观空间的底界面，不同材料的铺装给游人带来的景观感受大不相同，因而适用于不同的功能空间。

①沥青路面，整体、耐磨、易清洗，但视觉效果差，多用于城市道路；

②混凝土铺装，可塑性和耐久性好，适合浇筑自然形状的铺地，但缺乏质感，多用于园路和停车场等；

③砖砌铺装，方便、坚固、色彩丰富，拼接方式多样，具有一定的装饰性，适用于广场、商业街、住宅小区、人行道等；

④预制砌块铺装，是用混凝土和工业废料或地方材料制成的人造块材，尺寸花色多样、防滑性好，具有较好的透水性和装饰性，适用于景观园路；

⑤木质铺装，亲近自然、纹理美观，具有很好的装饰效果，多用于平台、栈道、景观桥等，需要进行防腐处理；

⑥石材铺装，纹理丰富、耐久性好，如花岗岩、板岩等，表面可做不同质感的处理，装饰效果好，常用于城市广场、商业街及建筑周边；

⑦塑胶地面，柔性材料，安全性高，常用于运动场和儿童活动区（见图 3-16）。

图 3-16　塑胶地面的儿童活动场地

（图片来源：https://www.gooood.cn/avic-city-hongdu-yiyu-design.htm）

（三）铺装的设计要素

地面铺装的目的是为使用者提供坚固耐磨的活动空间，此外设计师可以通过铺装材料的色彩和质感的设计给景观环境带来一定的视觉享受和心理体验（见图3-17）。如商业广场、步行商业街可采用质感细密光滑的材料，以突出环境的高雅华贵；休闲娱乐广场、居住区道路的铺装，可采用质感粗糙的材料，以营造亲切宜人的氛围。同时，也可以通过铺装图案、纹样的设计来引导人行流线。铺装材料的表面质感会带来不同的心理感受，因此应根据景观场所的功能类型和使用人群的心理需求进行设计。运动场地的铺装，可采用质感柔软的材料，给人舒适安全的感觉。风景区内的道路，可采用具有自然质感的材料，如天然石材，以体现整体环境的和谐统一。与视线相平行的直线可以增强空间的纵深感，垂直于视线的直线排列则会增强空间的开阔感；正方形、圆形、六边形等规则对称的形状易营造宁静的氛围；波浪形的纹样可以增添活跃变化的气氛；同心圆的图案则会产生强烈的视觉效果（见图3-18）。

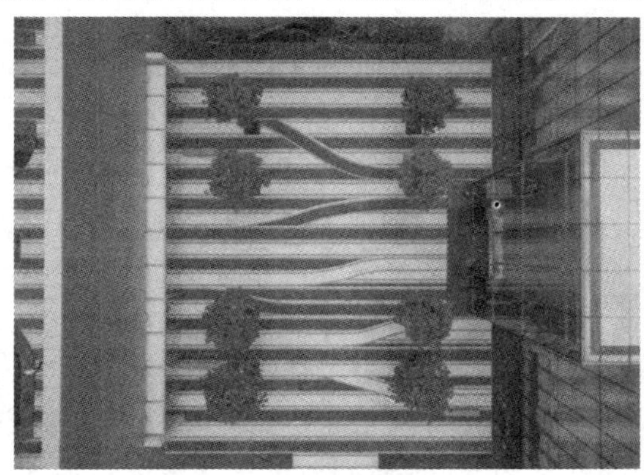

图 3-17　地面铺装设计

图片来源：https://www.gooood.cn/hengqing-grand-mixc-exhibition-area-by-lab-dh.htm）

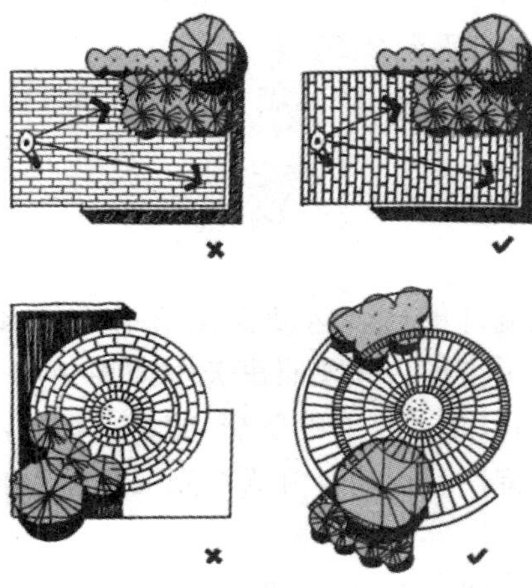

图 3-18　方形与圆形铺装的表达方式

对铺装进行设计时还需要注意对铺装尺度的把握，面积较大的场地铺装要尽量避免使用单一材料，其质地可以粗犷些，纹样线条也可选择大一些的；面积小的场地则铺装材料的质感不宜过粗，纹样也应选择精致些的。富有个性、色彩鲜明的地面铺装能够创造独特的视觉区位，构成极富个性的景观空间，并能赋予场所标志性的意义。

（四）铺装的表达方法

地面铺装主要在平面图和效果图上表现，在绘图表现时多用线条和体块表示。如果在一个景观空间中，地面铺装不是设计的重点，可以用留白或少用笔触的方式，使地面成为景观主体要素的背景；如果地面铺装位于场地的中心、面积较大，就应该重点设计，深入刻画，运用线条表现铺装的纹样、图案、肌理和质感。

当铺装面积较大的时候，并不需要把铺装的所有图案全部表现出来，可以只画一部分进行示意，再运用过渡的方式慢慢过渡到空白，这样处理的设计图看起来更透气，更活泼。

第二节　水体要素

水体既包括自然界的天然水域，如江河、湖泊、泉水、瀑布等，又包括人工建造的各种水域，如水库、水池、喷泉等。水体能在一定程度上调节气候、调温增湿、降尘隔噪、维护局部生态平衡，是自然界的重要要素。水也是景观艺术设计中最有表现力的部分。在我国的传统园林中，有“有山皆是园，无水不成景”之说，水被称为“园之灵魂”。平静的水常给人以安静、轻松、安逸的感觉，流动的水则令人兴奋和激动。

水是具有高度可塑性且富于弹性的设计元素。液体的水本身没有固定的形状，水体的形状是由容器的形状所决定的。对水体的设计，实际上是对容纳水体的容器进行设计。容器的形状、坡度和表面质地都会影响水体的形态和状态。水体的形态有三种：作为视觉焦点的点状水景（如喷泉、瀑布），作为联系纽带的线状水景（如水道、小溪）和构成景观背景的面状水景（如湖泊、水池）。

一、水体的常见造型

（一）平静的水体

平静的水体主要是无流动感或者运动变化很平缓的水体，如河道、湖泊、池塘、水池等。平静的水面可以像镜子一样映照出天空或周边的景物，设计时在观赏点和景物之间布置静水面，利用景物在水面的倒影增加空间的层次和观赏效果。室外环境中静止的水根据容器的特性和形状可分为规则式水池和自然式湖、塘。

1. 规则式水池

规则式水池通常有明确的水池边缘，可以是单个的圆形、矩形等纯几何形，也可以是多个几何形状叠合形成的不规则形状，但都是有据可循的几何形状。西方景观讲究格局与气势，常用规则式水池。用以反射倒影的水池，在设计时需要考虑水池的深度，池底、池壁的颜色。水池越深、水面越暗，越能增强倒影效果(见图 3-19)。不用以反射倒影的水池，则可以特殊地处理水池表面，以达到观赏的趣味性。水池的内表面，特别是水池的底部，可以使用引人注目的材质、色彩，并设计成引人注目的式样(见图 3-20)。

图 3-19 水景倒影

(图片来源：http://frankcstudio.lofter.com/post/1dd535e3_11f5aa34)

图 3-20 住宅水景观设计

(图片来源：https://www.gooood.cn/_d276124906.htm)

2. 自然式水塘

与规则式水池相比，水塘在设计上比较自然，可以是人造的，也可以是自然形成的。水塘的外形通常是由自然的曲线构成，适合于公园和风景区。自然式水景能从视觉上将不同的景观联系和统一在一起(见图 3-21)。我国传统园林讲究意境，常用自然式水体，水体形态以曲折幽深为佳。如南京瞻园，以三块较小而又连通的水面代替集中的大水面，形成三个独立的空间，给人以水陆萦回、深邃藏幽的感觉(见图 3-22)。

图 3-21　自然式水景

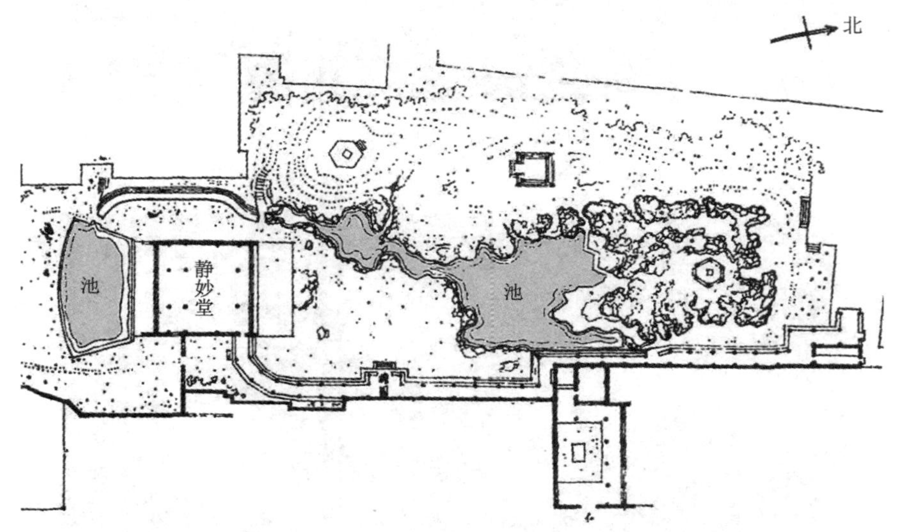

图 3-22　南京瞻园平面图

（二）动态的水体

1. 流动的水体

流动的水体是具有动态特征的水体，如溪流、水坡、水道、涧流等。这一类水体与周围环境的连接方式，水体的规模、流量、流向和源头，都是设计时应该考虑的要素。河床的大小、坡度，河底和驳岸的性质也会影响流水的流动效果。河床采用光滑细腻的材料，水流就较平缓稳定，适合于宁静悠闲的环境。河底如果做成起伏的形状，水流就会随河底的起伏而形成翻滚的波浪和湍流。如伦敦海德公园戴安娜王妃纪念喷泉（见图 3-23），喷泉的水渠部分有精细的凹槽和通道，结合空气喷射，创造出多样的效果，象征着戴安娜王妃生前的爱好与事迹（见图 3-24）。

图 3-23　戴安娜王妃纪念喷泉

（图片来源：https://www.gooood.cn/diana-memorial-fountain.htm）

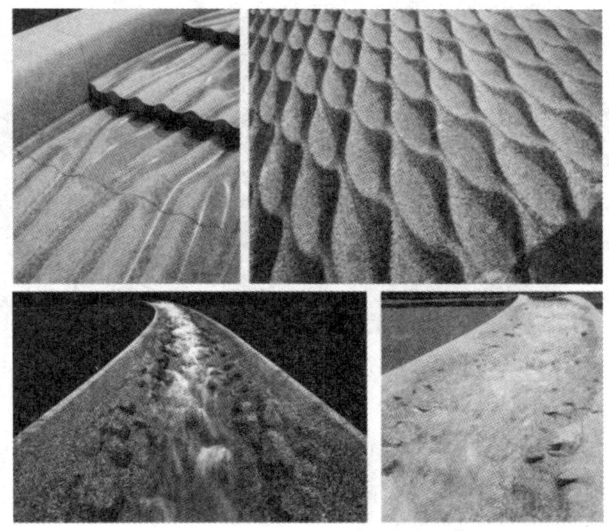

图 3-24　纪念喷泉石材的材质肌理

2. 喷涌式水体

喷涌式水体主要是在外力作用下形成的，水体受压之后喷出，到一定高度后又落下，有很强的动势和景观表现力，往往成为景观的中心。喷泉有各种各样的形式，大致可以分为普通水喷泉、旱喷、喷雾、涌泉、水幕等。水喷泉是比较常见的形式，大多装设在静水池中，也可以结合雕塑或配合灯光和音乐，布置于广场或空间的中心（视线焦点处）。旱喷泉的喷头设备隐于地面以下，不喷水时可以做活动场地使用，适用于公共建筑的入口处或人流量大的广场。喷雾泉外形细腻，能营造出虚幻感，适合用来表示安静的情绪，也能用来增加空气湿度或作为自然空调因素，一般布置在室外环境中(见图 3-25)。水幕是成排的喷水，形成像幕墙一样的水体景观。在夜晚，用激光设备在水幕上投影形成水幕电影，是一种较新颖的水景技术，用于主题公园可形成炫丽的夜景效果。涌泉的水压较小，水喷出的速度平缓，高度在 30 cm 以下，适合在小尺度空间中运用，以产生活泼、灵动的效果(见图 3-26)。

图 3-25　喷雾泉

图 3-26　涌泉小景

3. 跌落式水体

跌落式水体是指水从高处跌落到低处所形成的水景，主要有瀑布、水帘、水墙、壁泉和水梯等形式。跌落式水体具有动感，且气势庞大、灵活多变，具有很强的观赏性，适合作为室外环境中的视线焦点。

自然环境中的瀑布多是河水流经断层地区时垂直地从高空跌落，景象壮观，如李白诗中所说的“飞流直下三千尺，疑是银河落九天”，就是描述的庐山瀑布自高处直流而下的效果。城市环境中的瀑布通常是人工建造的，用泵将水送到墙体的顶部，而后水沿墙体形成连续的帘幕从上往下挂落。自由落瀑布通常作为围合空间的垂直界面，位于景观空间的一侧(见图 3-27)，也可以将瀑布的宽度做窄，立于空间的中心(见图 3-28)。在瀑布的高低层中添加一些障碍物或平面，使瀑布产生短暂的停留和间隔，能创造出丰富多彩的观赏效果。适量的水滚动在斜坡上会形成类似于流水的滑落瀑布，营造出趋向于平静和缓的氛围。

图 3-27 水墙设计

图 3-28 瀑布水景

二、水体景观的设计

水景设计中需要重点控制水体的尺度和比例。大尺度的水体应以面为主，以线连接，形成湖、池、潭、溪等多种形式的水体。开阔的水面可以通过增设廊桥，建造湖心岛，种植水生植物等方式增加空间层次。中尺度的水景应重视岸线的处理，最好是亲切宜人的自然驳岸，配合水生植物、石头、亭台楼榭等景观构筑物，形成亲切舒适的滨水景观。小尺度的水体如水池、喷泉、涌泉等，应与周边环境相结合，形成活泼灵动的小水景。

水体设计还需要注意驳岸和边界的处理。驳岸有硬质驳岸、阶梯式驳岸、自然山石驳岸（见图 3-29）、土基草坪护坡、亲水平台、木质栈桥等形式。不同的驳岸形式适应的空间场所不同，其原则是：在满足防洪要求的前提下，尽可能地创造生态和亲水的驳岸形式。

图 3-29　自然山石驳岸

水景可以与雕塑、山石以及植物组合成景，以增加景观的多样性。如雕塑家野口勇设计的查斯曼哈顿银行，其天井中的水景是在薄薄的一层水中散置几块黑色的石块(见图 3-30)，石块下面的水池隆起形成一个个小圆丘，有风时水面形成波浪的曲线，石块就像是大海中的岛屿，喷泉喷出细细的水柱，为水景增添了情趣。图 3-30 中黑色的组石、平静的水池、喷涌的泉水等相结合，创造了静谧性格的空间。

图 3-30　查斯曼哈顿银行天井水景

三、水体的表现方法

景观设计中，水体在平面上用范围轮廓线表示，在立面上用水位线表示。水体的表现方法主要采用线条法、平涂法、等深线法等(见图 3-31)。线条法可以用于水波纹一致的横向排线，也可以用垂直方向的排线来表现水中的倒影。水岸边可以加深绘制，向水面方向逐渐稀疏、变淡，水中央大面积的留白可以突出周围的造景要素，也能从构图上使画面更“透气”(见图 3-32)。

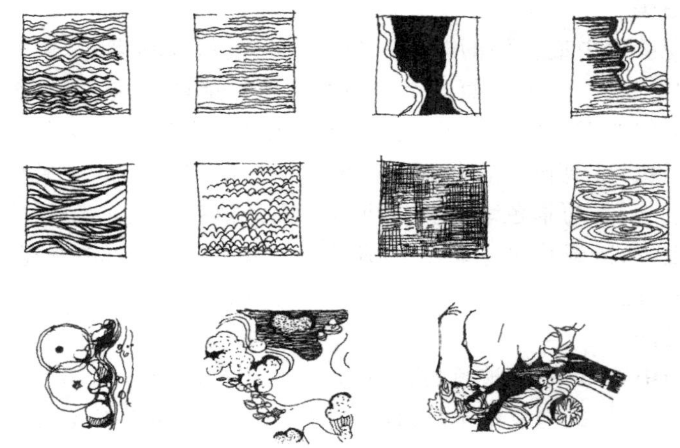

图 3-31 水体的表现方法

图 3-32 水体的驳岸部分

第三节 植物要素

植物是景观设计中的基本要素，也是最重要、内容最丰富、变化最多样的要素。它在景观设计中具有生态环保、视觉审美和塑造空间等多种功能。

一、植物在景观设计中的功能

（一）生态环保

植物能够保护和调节自然环境；能够保持水土、涵养水源、避灾避险；能够保持生态平衡；能够制造氧气，并吸收空气中的有害气体；能够有效地调节温度和湿度，改善小气候环境；还能够降噪防风，为人类提供舒适的生活环境。

（二）视觉审美

植物是景观要素中最重要的观赏对象之一。植物以其姿态、色彩、气味等为游人提供视觉、触觉、嗅觉等多方面的审美享受。植物能够渲染色彩，突出季相，为景观增加时间和空间的表现力和艺术性。植物还有点缀与衬托山水的功能，使景观空间层次更丰富，内容更饱满。植物还能丰富建筑立面，软化过于生硬的建筑轮廓线，增加尺度感，统一杂乱的景色。植物还可以有效地遮挡不良或无序的景观要素，并通过其绿色的基调，协调其他造景要素，使之和谐统一。此外，植物还可以为人们提供遮阴、休憩等功能。

（三）塑造空间

在户外空间中，草坪和地被植物可视为基面，用来暗示空间的边缘；高大植物的树干可视为墙面，暗示或构成虚空的边缘；叶丛丰富的植物顶盖可视为顶面，形成遮蔽空间。

利用各种植物的组合及其位置关系的布置，可以创造出开敞空间、半开敞半封闭空间、封闭空间（见图 3-33）。开敞空间通常仅用低矮灌木及地被植物作为空间的限定要素，四周开敞、外向，视线通透。半开敞半封闭空间，空间的一面或多面受到了高于视线的植物的封闭，在一定程度上限制了视线的穿透。其方向性指向封闭较弱的开敞面。封闭空间的形成，一方面通过丰富植物在立面上的层次来完成，另一方面通过上层乔木的密度来完成。

图 3-33 利用植物塑造空间的类型

植物对空间的塑造与植物之间的距离有关，如两棵植物间距在其树冠直径的1.5倍之内，基本可以形成一个有顶盖的空间，但距离超过这个数值时，便失去了这种营造空间的效应。

植物还可以用来分隔空间(见图3-34)。在许多不适合采用建筑材料划分空间的场合,以一种或多种植物材料的配合可以达到完全遮挡视线或似隔非隔等多重效果,以达到自然柔性地分隔空间、增加空间层次感的目的。通过植物的布局、疏密的关系,不仅可以有效地控制空间的渗透,还可以形成某种空间上的秩序,如蜿蜒曲折的流线,空间明暗变化、节奏变化等。

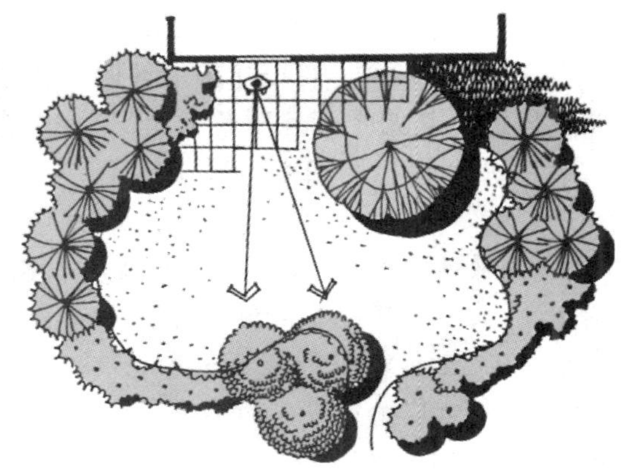

图3-34　利用灌木分隔空间

(四)创造意境

水平延伸的植物能够营造出一种开放、平和的空间氛围;纵向生长的高大植物可以营造一种或静谧、或幽闭的空间氛围。植物本身可以体现独特的文化性(见图3-35),如“梅兰竹菊”被誉为“四君子”,表现了“傲、幽、澹、逸”的品质,荷花有“出淤泥而不染”的含义,桂花有折桂、友好、吉祥之意,萱草有“忘忧草”的美誉等。结合植物自身的自然特性和人文气质,通过框景、障景、夹景等手法,可以创造空间的虚实、开合、动静、藏露、幽朗等对比效果,产生不同的意境。

图3-35　利用植物体现文化性

二、景观植物的分类

（一）乔木

乔木具有体形高大、主干明显、分枝点高、寿命长的特点，是种植设计的主体，对绿地环境和空间构图影响很大。乔木是景观环境中的骨干植物，无论在功能上或艺术处理上都能起主导作用。依据高度差异分为大乔木（20 m 以上）、中乔木（8～20 m）和小乔木（8 m 以下）。大中型乔木可以作为主景树，也可以作为树丛、树林的组成部分。依据叶片形状特征及其四季叶片脱落的情况，分为常绿阔叶植物、常绿针叶植物、落叶阔叶植物和落叶针叶植物四类。

（二）灌木

灌木没有明显的主干，多呈丛生状态，或自基部分枝。灌木的线条、色彩、质地、形状和花是主要的视觉特征，其中以开花灌木观赏价值最高，用途最广，多用于重点美化地区。灌木能提供亲切的空间，利于屏蔽不良景观，或作为乔木和草坪之间的过渡植物、下木等。一般体高 2 m 以上者称大灌木，1～2 m 为中灌木，高度不足 1 m 者为小灌木。大灌木高于人的视高，可以和乔木配合分隔或限定较为私密的空间，也可以作为背景，衬托放置于其前面的特殊景物（如雕塑、花卉等）。小灌木视线低于人的视高，给人以矮墙、篱笆等感觉，易形成半开半合的空间感。小灌木尺度矮小，大面积的使用，才能获得较佳的观赏效果，但要避免过于琐碎的布局。

（三）藤本植物

藤本植物指具有细长茎蔓，并借助卷须、缠绕茎、吸盘或吸附根等特殊器官，依附于其他物体才能使自身攀援上升的植物。其生长需要的土壤最少，却能产生最大的功能和艺术效果。藤本植物可以作为垂直绿化手段美化和软化城市的立交桥、挡土墙和生硬的建筑外立面（见图 3-36）。它也可以形成绿屏来划分空间，还可以形成绿廊、花架廊为人们提供良好的视景和遮阴空间。

图 3-36　藤本植物垂直绿化的效果

(四)草坪与地被植物

地被植物是指所有低矮、爬蔓的植物,包括草本植物、低矮的灌木和藤本植物,高度不超过 30 cm。地被植物是室外空间的植物性“地毯”,具有固定土壤、蓄养水分的作用。地被植物能从视觉上将其他孤立的景观元素联系成一个统一的整体。

草坪指景观环境中用以覆盖地面的,生长低矮、叶片稠密、叶色美观、耐践踏的多年生草本植物。草坪植物是地被植物的一种,因在现代景观中大量使用而被单列一类。草坪具有较好的亲切感,是人们进行休闲活动、体育活动的良好景观场所。在景观植物中,草坪属于植物株最小,质感最细的一类,也是养护费用最大的一类植物,需要经常修剪才能正常生长。

(五)草本花卉

草本花卉是指姿态优美、花色艳丽、花香馥郁、具有观赏价值的草本植物。根据花卉的生活型和生态型,可分为一年生、两年生、多年生花卉和水生花卉。草本花卉是景观环境建设中的重要材料,可用于布置花坛、花镜、花缘、切花瓶插、扎结花篮、花束、盆栽,供观赏使用,也可以与地被植物相结合,组成特色鲜明的平面构图。草本花卉还具有防尘、吸收雨水、减少地表径流、防止水土流失等生态功能。

(六)竹类植物

竹类植物为禾本科常绿乔木、灌木,最高可达 30 m。通常浑圆有节,皮翠绿色,但也有方形竹、实心竹和茎节基部膨大如瓶、形似佛肚的佛肚竹以及其他皮色竹(如紫竹、金竹、斑竹、黄金间碧玉竹等)。竹类植物观赏价值极高,不仅能形成较大体量,还常用来表现具有人文气质的景观空间。

(七)水生植物

水生植物生长在水中,按生长习性可分为浮生植物、沼生植物、浅水植物、中水植物和深水植物。目前水景营造多以荷花、睡莲为主。种植水生植物可以打破景观环境水面的平静,为水面增添情趣;还可减少水的蒸发,改良水质。水生植物的茎、叶、花、果都具有观赏价值。除观赏作用外,水生植物还具有净化水体和改善生态环境的作用,可用于建造湿地和雨水花园。如在北京阿普贝思雨水花园种植了大量的耐水湿和干旱的低维护植物,包括荷兰菊、狼尾草、蒲苇、芦竹、黄菖蒲、鸢尾等(见图 3-37)。

三、植物的种植设计

植物种植首先需要尊重植物的生长规律和生态习性。不同植物对光照、土壤、水分有不同的需求,依据这些不同植物可以分为阳生植物、耐阴植物、水生植物、旱生植物等几类。设计时要利用各种植物的生态特性,根据场地、功能等各种需求,考虑植物在塑造空间中的作用,进行合理的搭配,优先选择当地的乡土植物。

(一)种植设计的基本原则

1. 平面设计有造型

在大面积绿化的设计过程中,平面设计要考虑如何造型。如果没有造型,绿地

图 3-37　雨水花园中的水生植物

往往显得单调和呆板。这种造型可以是规则式的几何造型，如环形、圆形、菱形、半圆形、半环形、环带、半环带等；也可以是不规则的自然造型，如云片状、浪花状、动物形等。

2. 立面设计有层次

绿化设计在立面也应产生高低层次感。植物按照高度不同可以分为几个层次，高 8 m 以上的乔木为乔木林冠层，4～5 m 高的大灌木和小乔木（8 m 以下）为乔木林冠亚层，2～3 m 高的灌木为层间植物，花卉和小灌木（1 m 以下）为灌木层，草坪和地被植物为地被层。将不同高度层次的植物布置在一起，离人视觉近的地方选择较低矮的灌木，在离人视觉远的地方选择较高大的树木，可形成丰富的视觉效果（见图3-38）。

图 3-38　层次丰富的植物种植设计

3. 季节更替有变化

在植物造型中应该考虑到各种植物季相的变化特点。常绿树与落叶树，以及花色、花期不同的树木要有机地结合起来，互相间种。需要指出的是，在列植时，同一高度层次的植物选用的品种不宜过多，以两三种为宜，而在片植或组团种植时则不受此限。

4. 相邻色彩有差异

植物配置应考虑落叶植物和常绿植物的结合。常绿植物在任何季节都可作为屏障。深色叶植物作为基础或背景，而浅色叶和枝条在其上或前面，中色调植物作为深色植物和浅色植物之间的媒介和过渡，整体构图比较稳定。相邻两种植物的叶色区别越大，形成的层次感就越强，产生的立体感也就越强，视觉效果就越好。

5. 布置有节奏和韵律

在园林绿化设计中，应重视重复和变化的巧妙运用。变化是指在同种树之间应适当地间植其他树种，以产生变化，避免呆板。重复是指一段道路或连续的几片绿化区域之间，应适当地重复布置基本种植单元，以获取节奏韵律感。基本种植单元的重复次数一般不少于 3 次，少于 3 次不能形成节奏和韵律。

（二）乔木、灌木的种植设计

乔木和灌木的种植方式有以下 7 种。

1. 孤植

孤植是指把一棵树或一组树单独种植的手法，通常选择开阔的地点，为树冠留有足够大的空间和观赏距离（见图 3-39）。一般在距离树高 4～10 倍的距离内不应再布置其他的植物，才能使其成为景观中心。孤植的树作为草坪的主景时，不宜布置在草坪的几何中心，而宜布置在视觉中心。孤植树应选择那些具有枝条开展、姿态优美、轮廓鲜明、生长旺盛、成荫效果好、寿命长等特点的树种，如银杏、槐树、榕树、香樟、雪松、白皮松、元宝枫、樱花、紫薇、梅花、广玉兰等。开阔空间应选择高大的树种（见图 3-40），狭小空间则应选择小巧玲珑、姿态优美、色彩鲜艳、气味芳香的树种（见图 3-41），如鸡爪槭、白玉兰、红枫等。

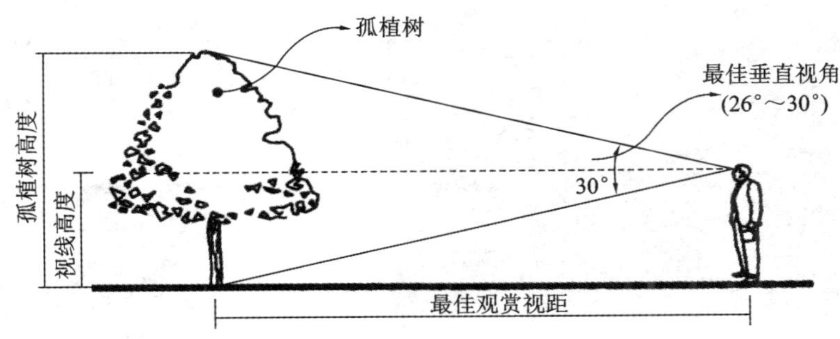

图 3-39 孤植树适宜观赏的距离

图 3-40　孤植大乔木

图 3-41　孤植小乔木

2. 对植

对植可分为规则式对植和自然式对植两种。规则式对植要求选用同一树种、同一规格的树木，依构图轴线作完全对称的种植，常用于较为庄重的建筑入口或园林、居住、办公等区域规则式布局入口的两侧（见图 3-42）。自然式对植，是在主景轴线两侧采用两株同种树或两组相近树丛作构图均衡的种植，常用于小型或休闲性建筑的入口，自然式布局的园林入口的两侧，还可用于桥头、河道的入口等需要诱导方向的部位。

3. 列植

列植是将同种同龄的树木依照一定的株距和行距，成行成带地种植。列植形式单纯、整齐、有气势，常用于规则式园林、道路、广场等。列植的乔木株距一般在 3～8 m，灌木 1～5 m（见图 3-43）。列植应选择树冠体形比较整齐的树种，避免枝叶稀疏、树冠不整的树种。

图 3-42　对植

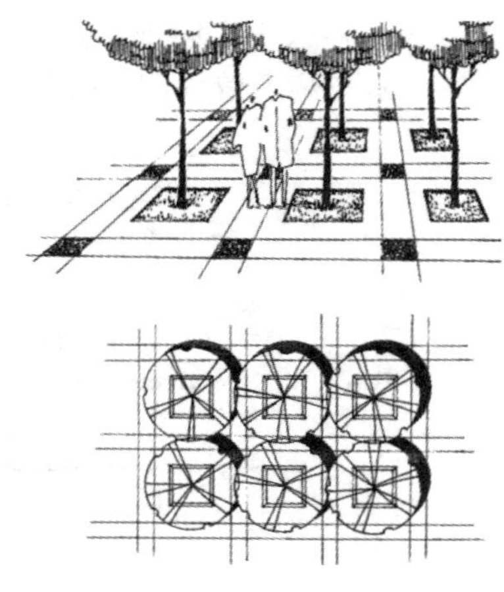

图 3-43　列植

4. 丛植

丛植形成的景观较为自然，能够体现植物相互搭配的美感，可作为主景、建筑的配景和背景。丛植通常由2～10株乔木组成，如果加入灌木，最多可以达到15株(见图3-44)。一般来讲，随着株树增多，树种可以适当增加，但7株以下树种不宜超过三种，15株以下不超过五种。丛植植物应把握总体适当密植，局部疏密有致的原则，树种之间注意乔木和灌木、阳性和阴性、速生和慢长的组合，使其成为相对稳定的生态树丛。

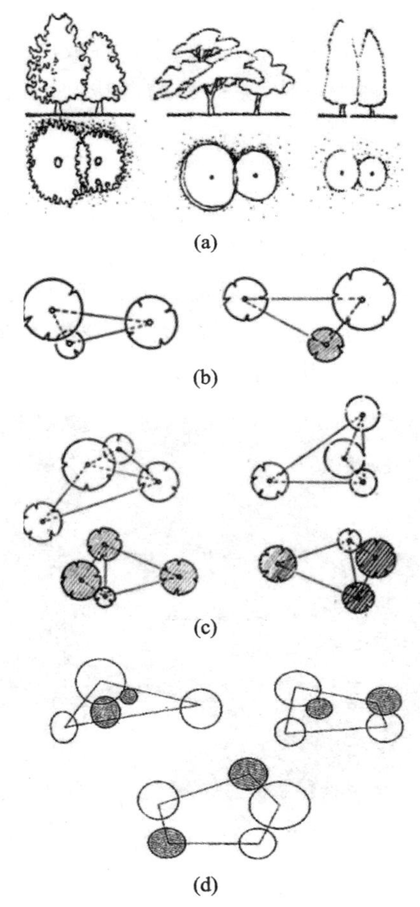

图 3-44　丛植的方法

(a)两株植物配置方法；(b)三株植物配置方法；(c)四株植物配置方法；(d)五株植物配置方法

丛植主要考虑植物的群体美，应把握植物种植的规律，避免分组过多或过分散乱的布置，还应充分利用乔木的下部空间，布置灌木或花卉。配置的基本形式如下。

两株配置的树丛(见图3-44(a))，应尽量选择相同或者相似的树种，两树之间的距离要小于两个树冠半径之和，以产生连理枝的效果。两树在动势、姿态和体量上最好有一定的差异，形成统一中的变化。

三株配置的树丛(见图 3-44(b)),最好采用姿态、大小差异的同一树种,栽植时以不等边三角形为基本原则,不要布置在一条直线上。三株的距离都不要相等,其中最小株靠近最大株成为一组,中间株离最大株稍远,两组之间彼此有所呼应,使构图不至分割。

四株配置的树丛(见图 3-44(c)),仍然采取姿态、大小不同的同种植物为好,分为两组,成为 3∶1 的组合,最大株和最小株都不能单独成为一组,其基本平面形式可以为不等边三角形,最大的一株在三角形以内;也可以是不等边四边形,但不能有任意三株排列成一列。

五株配置的树丛(见图 3-44(d))可以是一个树种或两个树种,分成 3∶2 或 4∶1 两组,若为两个树种,其中一种为三株,另一种为两株,分在两个组内,但两组之间距离不能太远,彼此之间产生呼应和构成均衡。

5. 群植

群植是由二十株以上的乔灌木混合,成群栽植的树群(见图 3-45)。群植一般不考虑游人的进入,而是注重观赏效果,主要表现植物组合的群体美,形成优美的林冠线、群落层次、树形搭配及色彩的变化。通常高大喜光、树冠姿态丰富的乔木居于中央,开花繁茂或叶色美丽的亚乔木居于四周,大、小花灌木在外缘,耐荫的草花和地被植物作铺陈。群植应遵循不等边三角形的原则,内密外疏,切忌成行成排地种植。

图 3-45 群植

6. 林植

林植相对于群植,乔灌木的数量规模更大,以至于形成林地,通常布置在风景区、大规模工业的安静区、疗养院等。林植应考虑游人的进入及树林内部空间、色彩季相的变化,意境的营造等。林植可分为密林和疏林(见图 3-46)。疏林是最受青睐的种植方式,因为阳光透过疏林会形成斑驳的光影和宜人的绿荫。疏林一般选择姿态优美、树冠大、树荫稀疏的树种。疏林的种植应三五成群,疏密相间,林中空地与草坪的结合给人提供游玩或休憩的场所。

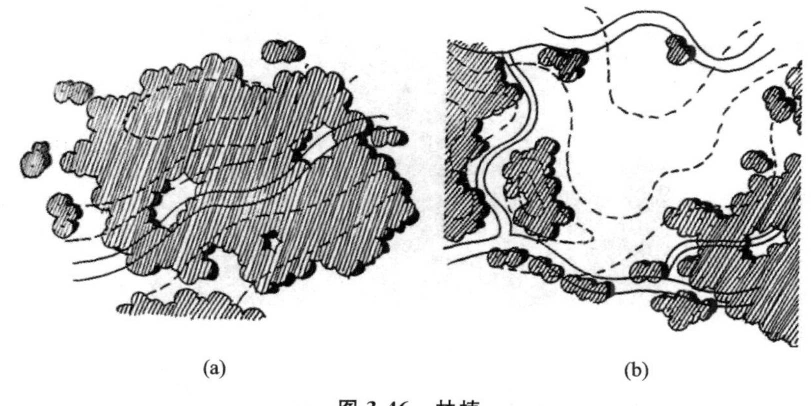

(a) (b)

图 3-46 林植

(a)密林;(b)疏林

7. 篱植

篱植是由耐修剪的灌木或小乔木,以相等距离的株行距,单排或多排种植所构成的绿化带。篱植的作用主要有界定范围与围护景观、分隔空间、屏障视线,同时还能作为花境、喷泉、雕像的背景,矮绿篱可作规则式园林中的模纹图案或色带,具有一定的观赏价值。

绿篱按高度可以分为绿墙(大于 1.6 m)、高绿篱(1.2~1.6 m)、中绿篱(0.5~1.2 m)和矮绿篱(小于 0.5 m)。常用作绿篱的植物有大、小叶黄杨,紫叶小檗,金叶女贞,侧柏等。

(三)花卉的种植设计

花卉种类繁多、色彩绚丽,对于烘托景观气氛、丰富园林景色有着独特的效果,常被用于重点装饰和色彩构图。花卉种植依据布置的方式可分为花坛、花境、花台、花池和花丛等。

花坛是在一定范围内按照一定的图案栽植观赏植物,以表现花卉群体美的景观设施,一般色彩鲜艳、轮廓整齐,主要采用规则式布置(见图 3-47)。花坛配置时应注意风格和外形轮廓要与周围环境相适应,色泽与纹样要有对比。图案复杂时色彩要简单;花色绚丽时纹样要简洁。陪衬花色要单一,每种同色花卉要集中成块布置。

花境是多种花卉采取自然式块状混交方式布置成带状的种植方式(见图 3-48),重点表现花卉群体的自然景观而不强调平面几何图案,是规则式景观构图向自然式景观构图过渡的一种种植形式。花境可布置成双面式的设于道路中央,也可以单面坡的形式设于道路两侧或建筑物与道路之间,供人观赏。

花丛是将自然风景中野花散生于草坡上的景象应用于园林景观中的布置方式(见图 3-49),规模从几株到十几株不等,从平面到立面构图都采用自然式,常布置在林地边缘、自然式道路两边、草坪四周、树丛下、疏林草地间,增添了景观野趣和生动景象。

图 3-47 造型花坛

图 3-48 花境种植

图 3-49 花丛种植

花池和花台都是花卉的种植槽，花池较低（见图 3-50），花台较高（见图 3-51）。传统园林以单个的花台、花池居多，而现代园林景观又发展了大量与休息座椅、护栏等设施相结合的组合式花台和花池。

图 3-50 花池种植

图 3-51 花台种植

(四)草坪的种植设计

草坪空间是现代景观设计的重要组成部分,它可以作为游戏场地和休息场地;也可以增加空间的明朗度,从视觉上将所有景物统一协调起来,给人带来赏心悦目的视觉享受;还可以与树木、花草、建筑等组合,呈现或开阔或封闭,或亲切或幽静的空间意境(见图 3-52)。

图 3-52 疏林草坪

开阔的草坪空间需利用地形、树木等园林造景要素,组织一定的透景面。在草坪的边缘种植树冠庞大、树形高耸的树种,以体现一定的气势,而在草坪中间种植的树丛层次应尽量简化。整个草坪倘若能向透景面方向微微倾斜,则开阔的草坪空间感会更加强烈。

封闭亲切的草坪空间,应将草坪划分成比较小的面积,四周种植密集的树丛,同时可借助树木、花草、建筑、山石等增加中间层次的景物,而不宜再开辟视野宽阔的透景面。

(五)水景植物种植设计

水景植物包括在水中和水边种植的植物,它们的姿态、色彩和倒影能够丰富水岸的边界、强化水体的美感,同时也可以为水体边界营造丰富的生态群落。

水边植物应选择耐水湿的植物,且要符合植物的生态要求,同时要体现景观设计的立意和主题。湖边一般多选择柳树等姿态优美的树种或红枫等色彩鲜艳的树种,以展现树丛的群体效果。水岸弯曲转折处,适合安放主景,可采用孤植的方式。水边也可以适当丛植一些湿地多年生草本植物,如芦苇、水葱等,可增添野趣。

水中植物作为点缀,有助于打破水体的色彩和形态的单一性,起到画龙点睛的效果。设计时应疏密有致、时断时续,对水面的遮蔽不应超过水体面积的三分之一,以保证水中倒影的效果。在较小面积的庭院水体中,宜布置水生观赏花卉,如荷花、睡莲(见图 3-53)、香蒲等,在大面积的湖泊沿岸则采用观赏性与生产性相结合的芦苇、莲藕、芡实等更有野趣。

图 3-53　睡莲

三、植物的表现方法

(一)平面图中植物的表现方法

平面图中绘制植物是利用正投影的原理，将植物的轮廓和投影表达在总平面图中。

1. 乔木的表现方法

树木的平面表示可先以树干为圆心，以树冠平均半径为半径画圆。圆形边界可用连续的曲线表示常绿树，在圆的周长上突出尖锐的角表示针叶树，落叶树可以表示其枝干。构思阶段强调快速表现，可只用线条勾勒植物的轮廓(见图 3-54)。主景植物的绘制可在线条轮廓的基础上增加树木的分枝和树冠的枝叶修饰。多株植物连续的画法可基本按照单株植物的表示方法进行，需要注意植物间的遮挡关系，也可以将植物外轮廓连续起来绘制(见图 3-55)。绘制树木平面的落影，可以体现植物的立体效果。在用色彩表现树木时，要尊重植物真实的色彩，表示清楚受光面和背光面。靠近阴影一侧为背光面，用深色表示，受光面可用浅色，也可以留白。在设计图中，当树冠下有花台、花坛、花境或水面、石块、竹丛等较低矮的设计内容时，树木平面可用简单的轮廓线表示。

图 3-54　乔木的表现方法

2. 灌木地被的表现方法

同一张图纸中灌木和地被植物应与乔木风格一致。灌木和地被都没有明显的

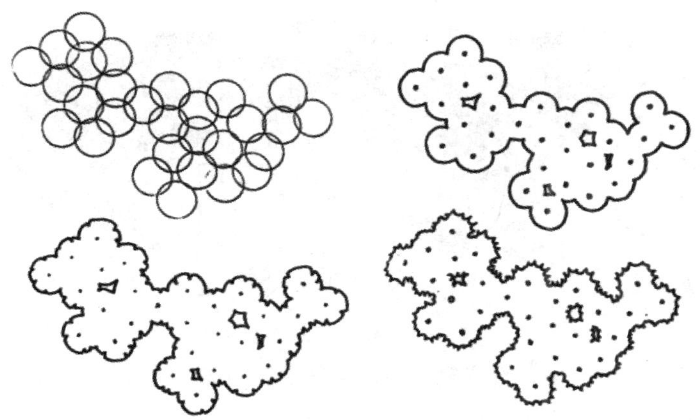

图 3-55　树群的表现方法

枝干，绘制时着重把握外形特征，通常成片绘制。作图时以灌木或地被栽植的范围线为依据，用不规则的线勾勒出范围轮廓(见图 3-56)。

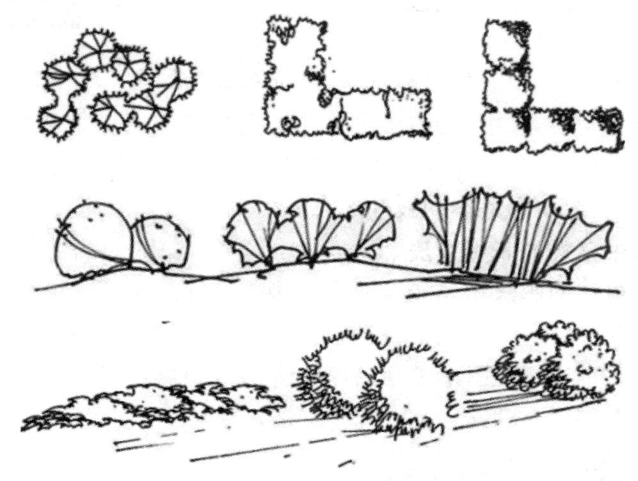

图 3-56　灌木的表现方法

3. 草坪的表现方法

草坪是景观中柔软的背景，画法以成片平涂或示意画法为主。在图面本身比较丰富的时候，不需要着重刻画草坪，可简单地以点示意。通过色彩的退晕和过渡表现草地，更容易勾勒出其他植物或构筑物与草坪的边界(见图 3-57)。一般靠近边缘的地方颜色较深，草坪中央颜色较浅或留白。草坪作为最底层的植物，应该与上层植物拉开层次。如草坪用冷色，则植物用暖色；反之草坪用暖色，植物可以用偏冷的色调。

(二)立面图中植物的表现方法

树木的立面能够体现树木的高度、树干的分枝类型、分枝高度以及树冠的形态特征。无论以树干表现为主还是以树形表现为主，树木的立面都要保证形态饱满。绘制时，应先确定树冠大小和树干的位置，绘制树干和树冠底部的分枝；再绘制树

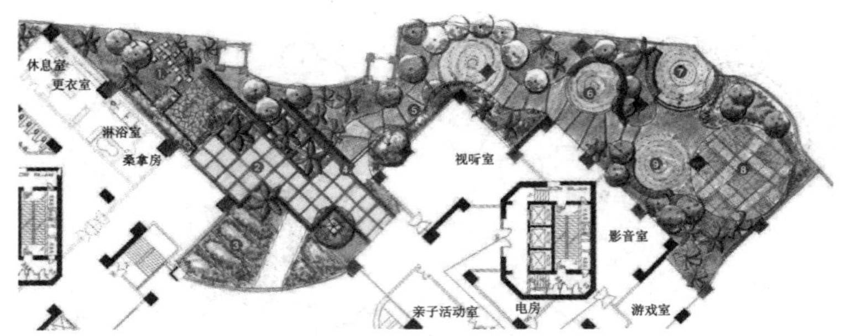

图 3-57 草坪的表现方法

冠。树冠可以适当绘制镂空的位置，并在镂空处绘制树干。最后在整个树冠的外部绘制飞出的小树叶，以增加树形的活泼感（见图 3-58）。

图 3-58 立面图中的植物表达

立面图应能绘制出远、中、近的层次关系。远景树起到背景和衬托的作用，只需要平面化地勾勒轮廓；中景树作为主体，应仔细绘制，侧重表现植物的体积感和明暗关系；近景树则需要绘制出具体的枝叶形态。

（三）透视图中植物的表现方法

透视图各种植物的画法基本与立面植物保持一致，为了渲染气氛，会更注重植物整体氛围的表现（见图 3-59）。透视图往往在画面一角勾勒植物的轮廓作为近景，以拉开空间的层次。当透视图中表现的内容太多或植物不是表现重点时，应简略表示，只绘制轮廓或简单的枝叶。

图 3-59 透视图中的植物表达

第四节　景观构筑物与小品要素

一、景观构筑物

景观构筑物主要是指景观中的建筑、塔、桥、亭、台、楼、阁、榭、廊、池、碑、架、坊、门、墙等，它们具有较强的功能性，同其他景观要素一起相互配合，能够形成整体、丰富且具有功能性和审美性的景观环境。

景观构筑物首先应满足功能性的需求，应结合人的使用行为和心理进行设计。景观构筑物具有开放性和公共性的特征，要能为人们提供休息、遮蔽、等候、交流等各种功能。景观构筑物设计还应力求与环境相结合。作为一种兼具功能性和装饰性的景观要素，景观构筑物应在形态、色彩、材质、文化内涵等方面与整体环境相契合，使整个景观空间形成一个有机的系统。

在构筑物的尺度设计上，应充分考虑周围环境的尺度，做到不突兀，不怪异，与环境相融合。在空间的布置上应灵活掌握构筑物和植物、水体、山石等景观要素的关系。景观构筑物还应注重艺术与文化的结合，不仅应做到造型优美、比例协调，还应充分挖掘场地文化和精神内涵，以独特的设计来反映地域特色或历史文化风貌。一个好的景观构筑物设计能够给人们带来愉悦的精神感受和美妙的视觉享受，提升人们的生活品质和审美品位。

景观亭，是用来休憩、驻足、观赏、乘凉、遮风避雨的小建筑。景观亭可以成为景观空间中的焦点，起到画龙点睛的作用。一般来说，景观亭没有垂直立面，四面较为开放，形态较为多样。景观亭的形态大致可以分为中国古典式亭、欧式亭、现代简约式亭等，具体造型极为多样。景观亭的大小需参照周围环境的尺度，一般直径不小于 3 m，高度不低于 2.3 m（见图 3-60）。

图 3-60　景观亭设计图

廊架，通常具有一定的长度，有顶，供人休憩、遮阳、避雨、观景所用。廊架形态多种多样，可以分割、联系或组织空间，能起到引导游人和增加景深的作用。廊架可以是直线、折线、弧线、曲线等各种形态（见图 3-61）。

图 3-61 廊架形态

桥，用来连接空间，通常跨越水面，能够分隔水面空间、划分空间层次，因尺度、形态不同，有拱桥、平桥、亭桥、廊桥、汀步等各种造型。景观桥一般选在水面最窄处，宜小不宜大，宜窄不宜宽。

景观墙和栅栏在景观中起划分内外范围、分隔内部空间、遮挡劣景和装饰美化的作用，是景观空间构图的一个重要要素。景观墙一般是由石头、砖或水泥建造而成，通常较为厚重。栅栏通常是由木材或金属材料构成，比景观墙薄且轻，栅栏两侧的景色可以互相渗透。

景观墙的高度与空间感受有直接关系（见图 3-62），高大的墙体（大于 1.8 m）能完全阻挡视线，适合构成私密空间。0.9～1.5 m 的墙，不会完全阻挡视线，有似隔非隔的空间效果，适合用于围合半私密空间。在城市公共空间中，常存在座椅不足的情况，可以将矮墙（0.3～0.6 m）作为供人休息的座椅。景观墙的位置选择除考虑其功能之外，还应考虑造景的要求。

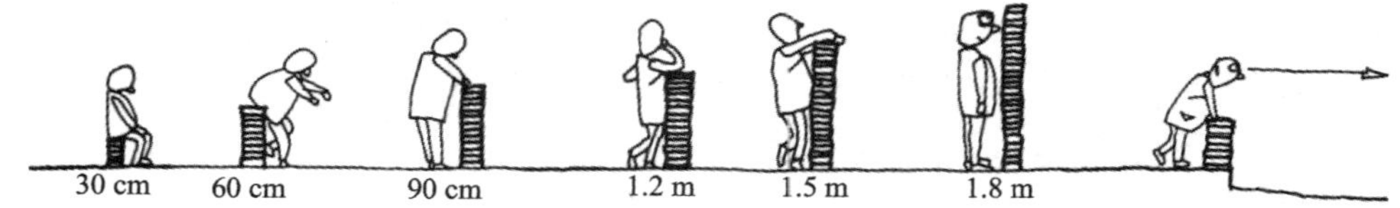

图 3-62 景观墙高度与空间感受

在景观艺术设计时，可通过在景观墙上开门洞、窗洞的形式组织观景视线和路线，形成虚实、明暗对比，有助于形成增加景深、扩大空间的效果（见图 3-63）。在景观墙上雕刻、题字等，能够体现场所精神和地域文化，起到点睛的作用。景观墙还可与山石、竹丛、灯具、雕塑、花池、花坛、花架等组合成景（见图 3-64）。

二、景观设施小品

景观艺术设计是公共环境中为人的行为和活动提供方便，服务于社会大众的公用服务设施系统，即相应的识别系统。一个景观场所的主题、特殊或品质往往体现在景观设施的设计、布置和使用上。景观设施是人参与景观环境，与他人互动的触

图 3-63 栅栏上开洞的景观墙

图 3-64 景观墙设计

点，应本着以人为本的原则进行设计，围绕公众服务进行展开，尊重人的心理和行为。

总体说来，景观设施可以分为以下几类。

(一)安全防护性设施

安全防护性设施，主要有用于隔离交通或区域的分隔栏、护栏、护柱、交通信号灯、地面标识线、紧急停车点、消防栓、盖板与树篱等。此类设施要求有结实的材料，醒目的标识，简洁且高效，对其尺度的把握也尤为重要，如果能形成系列设计则有助于增强环境的整体性。

(二) 休息性设施

休息性设施主要有座椅、桌、遮阳伞等，是景观场所中必不可少的设施。休息性设施应具有优美的造型、协调的色彩、适度的比例尺度，以及使用的方便性和舒适度。座椅是休息设施中数量最多,使用频率最大的要素。座椅设计应结合具体场所有所不同(见图 3-65):如私密性的户外空间,座椅位置应与步行道和小广场留有一定距离,座位以两三个为宜,且独立分散设置;开放性的户外空间,设施应考虑使用人数及景观方向,有时候还可以将景观中的地形、台阶、花池、矮墙等作为休息性设施(见图 3-66)。一般来说,户外座椅的座面宽为 30～45 cm,座面高 38～40 cm,椅背高 30～40 cm。座椅可以是直线形排列(见图 3-67),但不利于人们交谈,U 字形的座椅布置则方便人们面对面的交流(见图 3-68);座椅背后通常不暴露在外部,而是有一定的遮挡,树冠、花架下都是布置座椅的好位置(见图 3-69)。

图 3-65　特定功能性室外座椅

图 3-66　与曲线挡土墙结合的座椅

图 3-67　与草坪边缘结合的直线形座椅

图 3-68　内凹的 U 字形座椅

图 3-69　与乔木种植池结合的花瓣造型艺术座椅

(三)便利性设施

便利性设施包括卫生、交通候车等方面的设施,有垃圾箱、卫生间、饮水器、售卖处、书报亭、邮筒、候车亭等(见图 3-70)。这些设施都是为景观中的使用者提供方便的重要内容,它们不仅满足了人们的使用需求,也是现代城市文明的景观特点。这一类设施设计要求分布广、数量多、占地小、体量小、部分设施考虑可移动,结合人流活动路线和行进路线进行设置。

图 3-70 公交候车亭设计

(四)信息性设施

信息性设施主要包括广告牌、公共标识、指示图、书报亭、阅报栏、信息显示屏、街头钟等。此类设施设计要求内容规范且醒目、形式简洁且明确、信息传达效率高。信息设施设计的时候要考虑人观看设施的角度和方式。

(五)景观性设施

景观性设施包括人工砌筑的花池、花架、花坛等(见图 3-71),用于美化环境,同时这些设施本身也可以作为休息性设施。

图 3-71 装饰性强的花池设计

（六）娱乐性设施

娱乐性设施包括各种活动设施、健身设施（见图 3-72）、游戏设施等，主要用于满足人们在景观中的休闲娱乐活动。这类设施的设计具有一定的专业性，同时在场地布局上需要与休息性设施及便利性、照明性设施进行统筹设计。此类设施设计还需要考虑安全性，如儿童游乐设施地面通常以软质地面铺设。

图 3-72　室外健身设施设计

儿童游乐设施的设计要考虑不同年龄儿童的使用需求，设计适合不同年龄群的游戏活动，并符合儿童的尺寸，如儿童攀爬的高度。半成品式的游戏构筑物比完整的机械式游戏设施更能激发儿童的想象力。儿童游乐设施包括沙、水、游戏墙、迷宫和游戏器械（如秋千、滑梯）等（见图 3-73）。

图 3-73　儿童游乐设施

三、公共艺术品

公共艺术是在公共开放空间中的艺术创作与相应的环境设计，公共艺术品是其物质表现形式。公共艺术品虽不是景观艺术设计中的必要元素，却常常起到点睛的重要作用，给大众带来愉悦的精神感受。公共艺术品作为放置于景观环境中的艺术作品，不仅要表现本身的艺术性，也应与环境的功能相协调，表现场所精神和城市文化。公共艺术品的尺度、色彩、材质都应与环境统一考虑，形成一个协调的整体。公共艺术品的材质可以是石材、金属、玻璃钢、混凝土等，也可以是其他各种人造材料，长期放置于室外的公共艺术品应尽量选择耐腐蚀、易清洗的材料。

景观雕塑是公共艺术品设计重要的表达方式，能够成为景观视觉的焦点。根据在景观环境中所起的不同作用，可分为纪念性雕塑、主题性雕塑、装饰性雕塑、陈列性雕塑和标识性雕塑。

艺术装置是艺术家有意识的组合、装配或放置、创作的具有含义的空间艺术造型。装置作品制造了一种环境氛围，作品的艺术性是通过其对整体环境的渲染而渗透给观众的(图 3-74～图 3-79)。

图 3-74　城市公共雕塑

图 3-75　街头公共艺术品

图 3-76　艺术装置

图 3-77　艺术化的景观构筑物

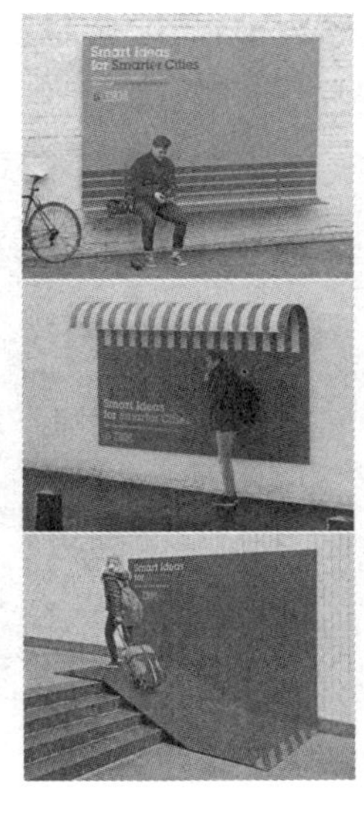

图 3-78　街头设施艺术设计　图3-79　利用废弃物做成的雕塑

赏石是中国古典园林中非常重要的造园要素，所谓“园可无山，不可无石”。《园冶》中也有“取巧不但玲珑，只宜单点；求坚还从古拙，堪用层堆”的设计方法。赏石的标准可概括为瘦、漏、透、绉、怪、丑、清、顽八个字，分别是石头的结构之美、肌理质地之美和色泽之美（见图 3-80）。在当代景观艺术设计中，赏石作为点缀同样会表现出自然清雅的审美趣味（见图 3-81）。

图 3-80　庭园观赏石

图 3-81　庭园内的艺术装置

壁饰是通过种种工艺手段完成的、与壁面背景融为一体的装饰。壁饰依墙而设，是景观环境空间的主要因素。壁饰除了具有自身的艺术价值外，也是对环境空间艺术的补充。以白墙为纸，以片石为墨，勾勒出古时文人山水画的意境，这种设计手法最初出现在贝聿铭先生设计的苏州博物馆庭园中，现在已是当下中式居住景观中表达意境的一种重要方式（见图 3-82、图 3-83）。

图 3-82　山水意象景观墙

图 3-83　山水意境的景观雕塑

第五节　光影要素

光影是景观艺术设计中的一个重要的设计要素，空间中的光有自然光影、人工照明的各种灯光。光带来影，有自身变幻的倒影、投影，还有周围环境在物体上的投影。光影是刻画造型、烘托空间气氛并引发独特视觉体验的一种艺术手段，它逐渐成为景观造型艺术创作中独立的设计要素。

一、自然光影

光影在不同的空间中发挥着不同的作用，光的强弱、明暗及阴影在造型上起着显示、隐蔽、突出、夸张、修饰和弥补的作用。光与影可以塑造空间的知觉深度，塑造建筑的空间体量，刻画细部，并根据空间的形态形成光影的空间序列。随着时间的流动，空间中的光影也随之变化，从而强化了空间的动势。光可以改变空间中各种材料的肌理、表情，从而给人们带来视觉和心理上的感受。光影还可以为空间塑造情感，创造意境，强化人们对空间的精神体验。

图 3-84　自然光影

自然光可以看作是平行光，白天无处不在，且不可控制。在景观艺术设计中只能间接地利用光影效果（见图 3-84）。可以利用光的投影和透射来刻画特定景观要素的体量、形状和意境，或利用光的明暗和光影的对比变化，配合空间的收放处理来渲染空间氛围。也可以利用材料的特性重新塑造光线，改变或强化材料的质感。

二、人工照明

人工照明的光源是局部的，可以直接表达光影，常见的是用灯光直接勾勒景观的形态或是用灯光色彩进行渲染。人工灯光的明暗、色彩变化均可由程序控制，利用空间更大。

(一)景观灯具的类型

景观灯主要有以下类型。

大型景象灯(见图 3-85)：高度为 4～8 m，白天可以作为雕塑观赏，夜晚具有观赏和照明双重效果，烘托出动人的空间氛围。

图 3-85　大型景象灯

路灯：一般高度为 6～12 m，具体操作时路灯高度需要与路宽相互协调。

庭院灯：高度为 2.5～4 m，款式丰富，主要用于居住区和一些风景区中。

草坪灯(见图 3-86)：高度为 0.5～0.8 m，属于装点型灯具，草坪中对照明度要求不高的区域，可用它作辅助照明。

(a)

(b)

图 3-86　草坪灯

(a)中式传统风格；(b)现代风格

埋地灯(见图3-87):埋地灯在外形上有方的、圆的,广泛用于商场、停车场、绿化带、公园旅游景点、住宅小区、城市雕塑、步行街道、大楼台阶等场所,主要是埋于地下,用来做装饰或指示照明,还有的用来吸墙或是照树,应用十分灵活。

图3-87 埋地灯

台阶灯:LED变色光源用红、绿、蓝三基色LED芯片组成,可混彩变色,也可制成各种单色,可作跳变、渐变等动态变化,光色变幻、色彩缤纷。

水底灯(见图3-88):指装在水底下的灯,外观小而精致,美观大方,外形和有些埋地灯差不多,只是多了个安装底盘,底盘是用螺栓固定的。水底灯通电的时候,可以发出多种颜色,绚丽多彩,一般只是装在公园或者喷泉水池里,具有很强的观赏性。

图3-88 水底灯

壁灯(见图3-89):安装在室内墙壁上的辅助照明装饰灯具,一般多配用乳白色的玻璃灯罩。

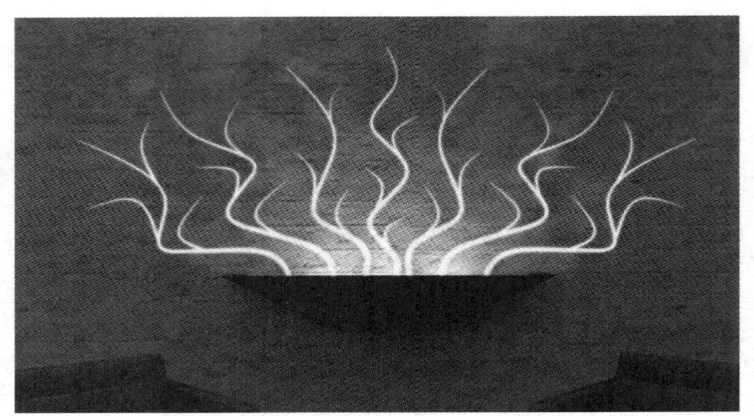

图 3-89　景观壁灯

(二)基本的照明方式

景观照明中基本的照明方式有以下几种。

泛光照明(见图 3-90):也称投光照明,通常用投光灯来照射某一情景或目标,且其照度明显比其周围照度高。

图 3-90　投光照明

轮廓照明(见图 3-91):利用灯光直接勾画建筑物或构筑物等景物轮廓的照明方式。

(a)

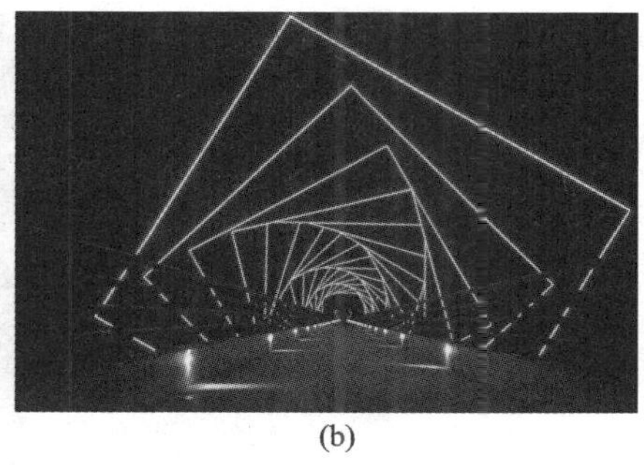
(b)

图 3-91 轮廓照明

(a)轮廓照明一;(b)轮廓照明二

内透光照明(见图 3-92):利用建筑物的房间窗口来设计夜景,让灯光从窗口透出的照明方式。

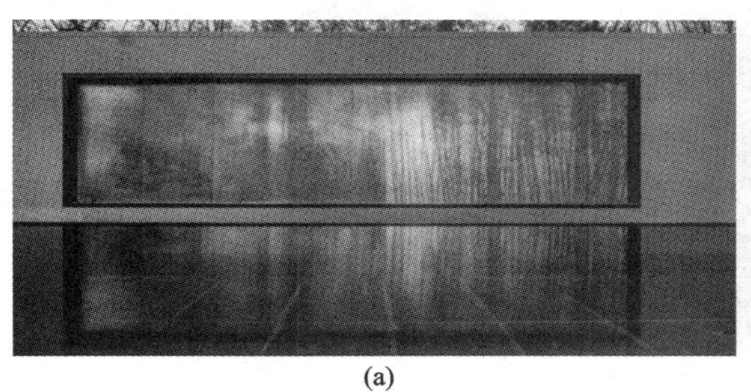
(a)

(b)

图 3-92 内透光照明

(a)壁光;(b)地面光

剪影照明(见图 3-93):利用灯光将被照景物和它的背景分开,使景物保持黑暗,并在背景上形成轮廓清晰的影像的照明。

图 3-93 剪影照明

"月光"照明：将"月光"灯安装在高大树枝、建(构)筑物上或空中，好比朦胧的月光效果，并使树的枝叶或其他景观在地面形成光影的照明。

特种照明：利用光纤、导光管、硫灯、激光、发光二极管、太空灯球、投影灯(见图3-94)和火焰光等特殊的照明器材和技术来营造夜景的照明方法。

图 3-94　投影灯照明

(三)不同类型的景观场所的照明要点

1. 商业街照明

商业街的人流密度大，需要有明度、照度较高的照明。为了突出商业街的商业氛围，照明方式应该多样化。照明设施的布置应高低错落、动静结合。商业街的照明灯具应有很强的装饰性(见图3-95、图3-96)。

图 3-95　商业街照明

图 3-96　某步行街照明效果

2. 庭院照明

一般庭院面积较小，有安静、幽静的特点，其照明方式应该符合空间的性质。一般照明方式采用自上方投射，为了避免眩光，往往采取间接照明的方式，其灯有汞灯、小功率高显色的高压钠灯、金属卤化物灯、高压汞灯和白炽灯等(见图3-97)。

图 3-97　庭院照明

当沿街道或庭院小路配置照明时，应有诱导性的排列，光线要与建筑、树木色彩等协调，使庭院显得更幽静、舒适。

3. 广场照明

广场照明首先应能基本照亮广场内的环境设施，满足人们基本的活动需求，起到安全照明的作用。在满足基本照明的同时，还需要注意灯具本身的造型，投射的方式和手法，突出灯光艺术效果，给人以美的享受(见图 3-98)。

(a) (b)

图 3-98 广场照明

(a)广场照明一;(b)广场照明二

(四)景观元素的照明特点

1. 植物照明

植物照明应根据植物的姿态、叶色等,重点突出植物的艺术形态美,如灯光向下照射能在地面上产生树影斑驳的效果。灯具装在植物的底部闪射,可以让人获得奇幻缥缈的感觉,不同角度的分层照明,可以营造深度感。

对于花坛,由于人们的视角都是从上往下,一般采用蘑菇状的照明灯具,灯具距离地面的高度为 0.5～1 m,光线只向下照射,可设置在花坛中央或侧面,其高度取决于花的高度,由于花的颜色各异,所用的照明光源应有较好的显色性(见图 3-99)。

图 3-99 植物照明

对于常绿乔木和落叶乔木应该采用不同的光照手法。常绿乔木的透光性差,在进行灯光设计时可以让光线在树叶表面形成反射,突出植物的整体轮廓;而大型的落叶乔木,透光性很好,可以采用向下照射的方式,也可以采用将灯具安装在树枝上的方式照明，以突出自然形态的树干和漂亮的叶脉。

2. 公共艺术品照明

公共艺术品照明是通过照明对作品进行再次的艺术加工。公共艺术品的照明应该根据艺术品的性质与特征区别对待，如对于纪念性景观雕塑，应尽可能以原形象为基准，光线宜柔和、平实，对抽象雕塑或者是艺术装置，照明手法可以更加自由，可使用夸张的投射光色（见图 3-100）。

图 3-100 公共艺术品照明

3. 水景照明

水是无色透明的，由于光在水中有折射、反射、散射等方式，水景的照明灯具常使用红、蓝、绿、黄等滤色玻璃片形成彩色光源，利用色片不同的投射系数，来控制光的变化（见图 3-101）。用于水景照明的灯具，可分为简易型和密闭型两种，它需要具有一定的抗腐蚀和抗氧化能力，还需要具有一定的抗机械冲击力。

图 3-101 水景照明

静态水面或缓慢流动的水体，能倒映出岸边的物体，若水面波动较大，可以用掠射光照射水面，以获得水波涟漪、闪闪发光的感觉。如果是喷泉、瀑布、水幕等动态水景，其照明灯具应该安装在水流下落处的底部，光源的强度取决于水流下落高度和水幕的厚度等因素，同时也与水流出口的形状造成的水幕散开程度有关，踏步式水幕的水流慢且落差小，需要在每个踏步处设置管状灯具照明，照射方向可以是水平的，也可以是水平向上的。

4. 台阶照明

台阶照明有下照式、侧墙嵌入式、踢面嵌入式、低位柱式等多种方式，为了减少阶梯的阴影效果，最佳的方式是将灯具配置于阶梯的中央（见图 3-102）。

图 3-102　台阶照明

景观艺术设计中，不只是要考虑灯具的造型，灯光与景观的结合更加重要。照明和座椅等景观小品结合设计，可以赋予彼此更多内涵，体现出整合设计的原则，提高景观空间的美学品质。在设计时还需要注意把握适度的照明强度、恰当的照射方向，避免出现光污染和眩光的问题。

第四章　景观艺术设计要素

景观物质要素包括土地、植物、水体、建筑(构筑)物、景观设施及光影等,但景观物质要素的堆叠并不都能构成优美的景观空间,只有当要素间的组合关系和谐时,才能产生赏心悦目的美感。景观艺术设计需要对景观物质要素的艺术特征和组合规律进行分析。通过合理地选择要素并协调各要素之间的关系,将之和谐地组织在一起,共同构成具有美感和整体性的景观场所。

第一节　景观艺术设计中的要素

景观物质要素是通过一定的形式语言传达给人们的,或者说人们所感受到的景观艺术效果,是这些物质要素的形态美、色彩美等艺术特征的一种或几种的组合。景观设计中的艺术要素包括形态与形体、色彩、质感与肌理三方面。

一、形态与形体要素

点、线、面、体是构成形态的基本要素,生活中人们所见到的或感知到的每一个形状都可以简化为这些要素中的一种或几种的结合。

(一)点状要素

在数学上,线与线相碰而成的焦点便显示了点的位置。严格来讲点没有大小,但可以在空间中标定位置。但构成形态的点则具有大小、位置,单独的点元素可以起到加强某空间领域的作用,如孤植树、雕塑、亭子等。点状要素的聚集、线状排列、分散等多种组合方式可产生不同的景观效果(见图 4-1)。大小相同、形态相似的点排成阵列时,会产生均衡美与整齐美(见图 4-2)。而大小不同的点被群化时,则富于跳动的变化美(见图 4-3)。被群化的点,不一定是圆形,很多个相似要素排列在一起,就会被识别为大小不同的点(见图 4-4)。

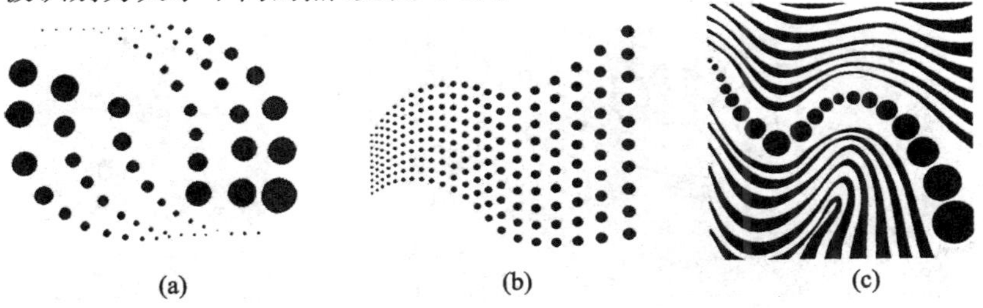

图 4-1　点的线化和群化所产生的不同景观效果

(a)效果一;(b)效果二;(c)效果三

图 4-2　点元素的线化

图 4-3　大小不同的点元素的群化效果

(a)

(b)

图 4-4　相似要素的点元素的群化效果

(a)效果一；(b)效果二

作为主景的点状要素通常有以下几种应用方式：在轴线的节点或终点设置点状的景观要素，可形成景观的重点，突出景观的中心和主题（见图 4-5），比如在烈士陵园轴线上布置主题雕塑，在西方古典园林轴线上布置大的雕塑和喷泉等；在地形突出部分设置点状景观要素，例如在山顶上布置亭子、塔等建筑形成景观焦点；在构图的几何中心，如广场中心、植物花坛中心等布置点状景观要素，使之成为视觉焦点；在路的尽端或转弯处、水边或水体的中心位置，布置点状要素也能形成视觉焦点。

在景观中也常利用点状要素来作陪衬，用以烘托主景，比如竹石小景、园凳、标识系统，等等（见图 4-6）。

图 4-5　雕塑主景点状元素位于轴线的尽端

图 4-6　点状小景

（二）线状要素

线存在于点的移动轨迹、面的边界以及面与面的交界或面的断、切截取处，具有丰富的形状，并能形成强烈的运动感。线从形态上可分为直线和曲线两大类。景观中的线状要素包括园路、溪流、驳岸线、围墙、长廊、栏杆、曲桥等。不同形态的线状要素有不同的象征性，并且给人以不同的视觉感受。

1. 景观中的直线要素

景观中的直线要素具有很强的视觉冲击力（见图 4-7），但过分明显就会让人产生视觉疲劳感，因此在景观中常用直线的对比来进行调和补充。水平线没有明显的方向性，具有平静稳定的平衡感，空间开阔统一。水平线在景观中的应用非常广泛，如直线形道路、铺装、绿篱、水池、台阶等都体现了水平线的美（见图 4-8）。垂直线具有挺拔向上的感觉，创造的景观端庄、严肃，比如纪念碑塔。倾斜线具有方向性，能表现出生气勃勃的动势。景观中的雕塑造型常常用到斜线。斜线的个性比较突出，对水平和垂直线条组成的空间有强烈的冲击作用，因此要考虑好与斜线相配合的景观要素设计（见图 4-9）。

图 4-7　水平线、垂直线与斜线

图 4-8　景观中的水平直线要素

2. 景观中的曲线要素

景观中的曲线要素给人以优雅柔美、轻快含蓄的感觉（见图 4-10），常用来表现自然的形态，包括几何曲线和自由曲线两类。几何曲线的种类很多，如椭圆曲线、抛物线、双曲线等，有强烈的现代感，同时也有机械的冷漠感。自由曲线是一种自然的、优美的、跳跃的线形，能表达圆润、柔和的感觉，同时也有强烈的活动感和流动感。

图 4-9 景观空间的斜线要素

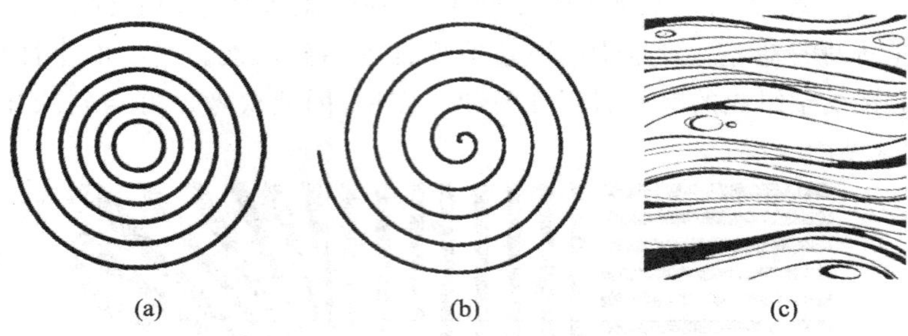

图 4-10 曲线要素的不同形式

(a)形式一;(b)形式二;(c)形式三

为了模仿和体现自然,中国古典园林中几乎所有的线都是自然的曲线。山峰起伏,河岸、湖岸弯曲,道路蜿蜒,植物配置也避免形成规则的直线,即使是亭台楼阁的人工建设,也使其屋顶起翘形成自由的曲线。现代园林设计中曲线更是以各种形式出现,形成了各具特色的景观(见图 4-11)。

图 4-11 景观中的曲线要素效果图

(a)效果图一;(b)效果图二

(三)面状要素

一维的线向二维伸展就形成了一个面,它没有深度和厚度,只有长度和宽度。景观平面构图中的面状要素包括水面、场地、草坪、树林、建筑群等,立面构图中的面状要素包括景观墙的立面和建筑立面等。面是线的封闭状态,不同形状的线可以构成不同形状的面,可以分为几何形平面和自由形平面两类(见图 4-12)。

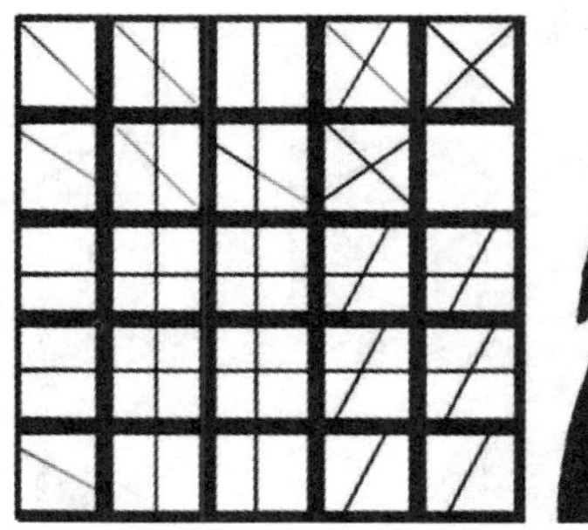

图 4-12　几何形平面与自由形平面

1. 景观中的几何形平面

几何形平面是通过直线或几何曲线的闭合而形成的平面,它体现了数学性、严谨性和理性,是人工的产物,因此在园林中主要用于规则式园林,比如纪念性广场、公园的出入口广场、整形的水池、建筑群、整形的花坛、网格状的树阵、规则式的草坪等。极简主义风格的景观设计就经常用简单的几何形状作为设计元素(见图 4-13)。

2. 景观中的自由曲线形平面

自由形平面是自由曲线闭合形成的平面。自然的面都是自由的曲线形平面,突出了自然、随和、自由生动的特性,一般应用于自然式的园林中。比如,在美国的纽约中央公园当中,无论是空旷地或广场的轮廓,还是水体的轮廓都是自然型的,草地边界线也是自由曲线形的形状(见图 4-14)。

图4-13　景观中的几何形平面

图 4-14　景观中的自由曲线形平面

(四)形体要素

体是二维平面在三维方向的延伸。体可以是实体,也可以是虚体。实体是三维要素形成的一个体或空间中的质体,建筑、树木、座椅等设施小品都是景观中的实体。实体可以是立方体、四面体、球体和锥体等几何形体,也可以是不规则的实体(见图 4-15)。虚体是由平面或其他实体界定所围合而成的空间,建筑物的内部、建筑围合而成的广场、廊架和树冠下的空间都是开敞的虚体。

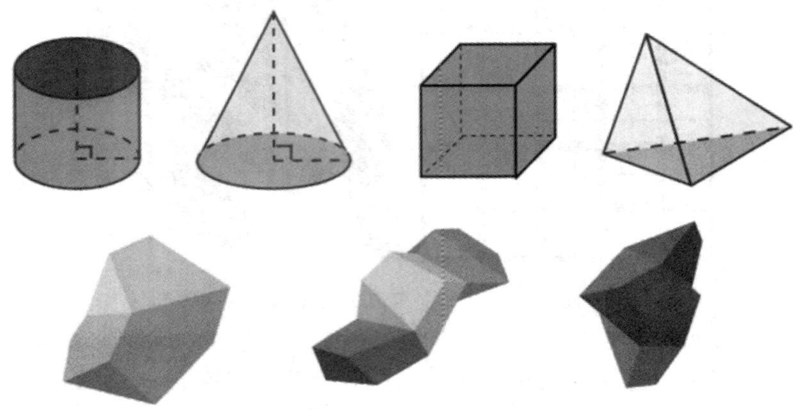

图 4-15　几何体和不规则体

二、色彩要素

色彩是景观设计中的形式语言之一,它能赋予形体鲜明的特征和独特的视觉感受。不同的色彩给人以不同的视觉和心理感受。白色给人以明快、洁净、高雅、纯洁的心理感受;黑色给人以理性、严肃、沉重的感受;红色给人以喜庆、热烈之感。

景观的色彩主要分为自然色、半自然色和人工色。自然环境中裸露的土地、山石、草坪、树木、河流、海滨以及天空等的颜色都是自然色(见图 4-16)。半自然色是指人工加工过的但不改变自然物质性质的色彩,在景观中表现为人工加工过的各种石材、木材和金属的色彩。景观环境中的建筑物、构筑物、道路广场、雕塑、亭廊、灯具、坐凳以及垃圾箱等都是人工产物,它们的颜色都是人工色(见图 4-17)。在景观造型艺术中,色彩都不是以单一的颜色展现出来,而是由各种颜色相互搭配、组合形成的景观效果。

所以景观色彩一般以植物的绿色为基调,以其他色彩作为点缀色,如在大面积绿色植物中点缀白色的景观小品或红色、黄色等明亮色的花坛、灌木等。远山、蓝天和大面积的水面可以像天幕一样充当植物色彩的背景,这三种背景色都属于灰色系,作为前景的植物应选择色调明度较高的植物,中间以中明度或低明度的色彩过渡。景观中的一些垂直景物,如墙面、绿篱、栏杆等也可充当植物的背景。这时要根据背景的色彩特性来配置植物色彩,当背景是冷色调时,作为前景的植物色彩应是暖色调;当背景是暖色调时,前景植物色彩应为冷色调。

图 4-16 自然色

图 4-17 人工色

天然山石的色彩种类繁多，有灰白、青灰、浅绿、棕红、棕黄、土红等，它们都是复色，与景观环境的绿色基色有着不同程度的对比，既醒目又协调。天然水是无色的，但因水的面积、深浅及洁净程度的不同，或受光源色与环境色的影响而呈现出不同的色彩，比如海水的蓝色、池水的绿色、九寨沟水的五彩色等。人工水池可依据水面的大小与深浅，配上不同的池底材料和水下灯，营造出多种多样的水面色彩。

三、质感与肌理要素

一般来说，质感与肌理含义相近。质感是人通过触觉和视觉所感知的物体素材的结构而产生的感觉和印象，即表面质地的粗细程度在触觉和视觉上的直观感受。肌理是指物体表面的组织纹理结构，即各种纵横交错、高低不平、粗糙平滑的纹理变化，可分为天然肌理和人工的肌理（见图 4-18、图 4-19）。景观要素的类型、质感、密度和间距影响着景观的肌理。

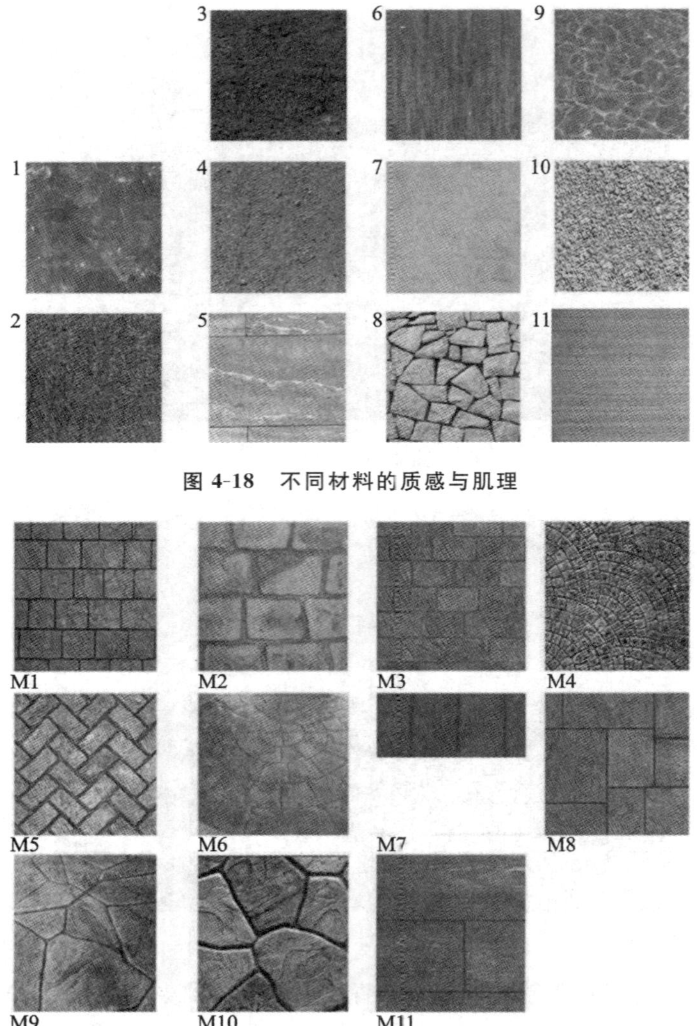

图 4-18 不同材料的质感与肌理

图 4-19 不同铺装方式的质感与肌理

一般情况下粗糙的质感具有质朴、厚重、温暖和粗犷的视觉心理反应(见图 4-20),如果使用不当也会产生粗俗、简陋、笨拙的不良后果。细腻的质感则具有精致、高雅、寂静的视觉心理影响(见图 4-21),使用不当时会产生平淡、单调的后果。至于中间质感则具有温和、软弱、平静的视觉心理影响,也是一种调和过渡的感觉形态。光亮的质感会产生高贵、华丽、明快的动人效果,而无光的麻面会产生纯朴、真实的视觉效果。

质感和肌理是体现现代设计"少即是多"的重要手段之一。作为设计的形式语言,当肌理与质感相联系时,一方面是作为材料的表现形式被人们所感受,另一方面则体现在通过先进的工艺手法创造新的肌理形态和丰富的外在造型形式。

图 4-20 粗糙的质感

图 4-21 细腻的质感

第二节 景观形式美的规律

一、多样与统一

多样性与统一性的对立统一是形式美最为基本的规律，它反映了景观设计总体布局中各个变化着的要素间的相互关系。统一是指整体意义的协调与和谐一致，多样是指局部的变化。让人印象深刻的优秀景观通常都具有明显的整体性特征和富有变化的景观元素。多样统一就是指在整体统一的前提下各部分要素有序的变化（见图 4-22）。

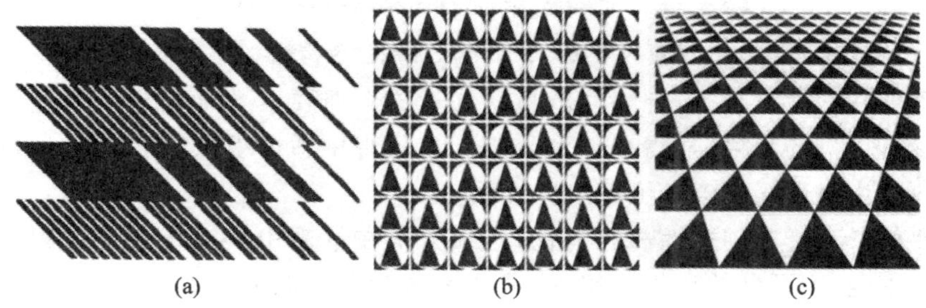
(a) (b) (c)

图 4-22 多样与统一

(a)效果一；(b)效果二；(c)效果三

为满足使用者的功能需求和视觉审美要求，景观的多样性是一种基本需要，但多样性的程度必须与统一性的需要相平衡。在单调的景观中引入新的要素可以增加它的趣味性，随着要素的渐趋多样化，要素间会产生越来越多的相互作用，若不加以组织以维持统一性，可能会因为变化的增多使景观失去控制，引起视觉上的混乱。这时就需要在多种元素之间寻求平衡与和谐，形成具有统一性的整体关系。在景观中，通过添加新的图案或要素，可以在混乱的景色中导入统一性。比如法国巴黎的拉·维莱特公园就是利用 10 m×10 m 的红色的立方体来统一整个公园的景观的（见图 4-23、图 4-24）。

图 4-23　拉·维莱特公园

图 4-24　拉·维莱特公园的红色构筑物

景观要素的数量越少，统一性就越容易达成。但要素数量太少或太过类似，就会形成没有生机的和谐，显得单调和呆板。在景观中适度引入紧张、节奏和运动的元素是注入生机而又不破坏统一的有效手段。

若要使景观具有创造性和独特性，必须力求在景观中贯穿统一的主题与理念，如重复的主题、不可见的组织网格、描述要素数量和布局方式的数学规律或抽象的理念。设计主题如同一根隐形的指挥棒，使游人通过多样化的渠道，感悟到景观设计的整体立意，留下深刻的印象。

二、主从与重点

区分主从与重点是实现景观多样统一的主要途径。在一个有机的整体中，各要素之间应该具有主从关系，某一部分明显地更重要或者在视觉上支配其他的部分，凭借一种等级的差异在部分与整体的关系中建立秩序。

景观设计中强调主次之分有两个层面：首先各景区的设计和划分应有重点，在众多景观空间中，总有一个空间在体量上或高度上占据主导地位，而其他的则处于从属地位，该景观空间便是景观序列中的高潮部分和整个区域的精华所在；其次，在每个景观空间中，一定会有主景和次要景观之分，在布局中能起到控制作用的景叫"主景"，它是整个景观的核心与重点，是空间构图的中心。主景能体现功能与主题，富有艺术感染力，是观赏视线集中的焦点。其余景物都处于从属地位，起到烘托和陪衬主景的作用，主次配合，相得益彰，强化了景观空间的整体性和艺术感染力。

在同一空间范围内，有许多位置与角度可以欣赏主景。突出主景的手法一般有：抬高或降低主景所处的地形；作为轴线或风景视线的焦点；作为动势集中的焦点或空间构图的重心（包括规则式景观的几何中心和自然式园林的空间构图中心）。此外，色彩突出也能够突出主景。如杭州微风之城居住区的景观示范区，主景雕塑位于台地之上，人们自入口拾级而上，视线被一侧的山石观景墙遮挡，自然集中到轴线尽端的主景雕塑上（见图 4-25、图 4-26）。

图 4-25　烘托主景的侧面观景墙

（图片来源：http://www.yyjggc.com/newsshow_264.html）

图 4-26　位于轴线末端的主景

（图片来源：http://www.yyjggc.com/newsshow_264.html）

三、对比与调和

景观艺术设计的构成要素通过量、方向、形体、色彩、质感等方面的差异来区分景物的个性，从而产生强烈的环境情感。景物间的差异较小时，景观共性大于差异性，呈现出和谐一致的统一氛围，景物关系为相似关系；反之，当差异较大时，其差异性大于共性，景物之间趋于对比关系。相似与对比其实是景物间微小的差异积累达到不同程度的结果。

景观艺术设计中相似手法的运用易于达到整体的统一，尤其是善于表现含蓄、优雅、静谧的空间氛围。该手法在景观空间中的运用主要通过景观要素中的水体、建筑、岩石、植物等风格和色调体现。在园林景观中，景观要素以植物为主体，基于植物的绿色基调，其共性多于差异性，更易获得和谐统一的环境效果。

张唐景观在苏州樾园庭院景观设计中用蜿蜒的水流呼应着建筑设计"蚀"的概念（见图 4-27、图 4-28）。泉水从石台上安静地溢出，汇成一条小溪，小溪蜿蜒流过庭院，时浅时深，时宽时窄，最后汇入一个池塘。小溪的独特设计可以让人感受到时光在石材上雕刻的印记。庭院以简洁的硬质铺装为主，曲水流觞蜿蜒穿梭在疏影婆娑树林当中，泉水汩汩声萦绕在其中，这些都营造出场地的静谧氛围。

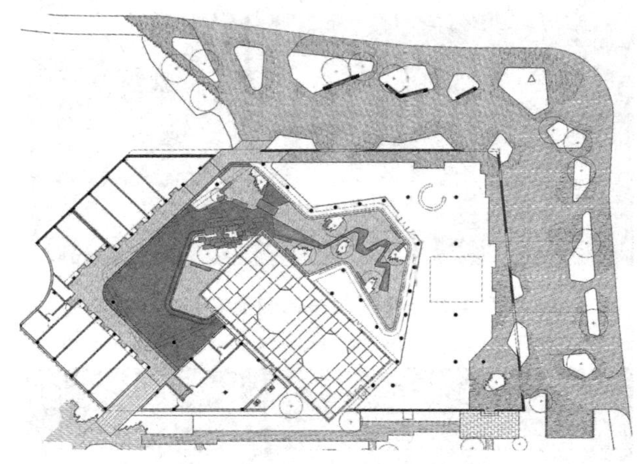

图 4-27　苏州樾园庭院景观设计总平面图

对比手法是实现景观设计多样性的重要途径。对比可引起变化，突出某一景物或景物的某个特征，使得景观效果变得丰富（见图 4-29），具体包括体量大小的对比、形态的对比、方向的对比、空间开合收放的对比、虚实对比、明暗对比、质感对比、疏密对比、色彩对比和动静对比。

对比与相似在景观设计中缺一不可，反映了多样与统一的要求。对比与相似的应用关键是把握两者量的关系，相似景物应占据景观构图中的较大比重，而对比是指与大量相似景物的对比，通常用以突出主要的景物，因此所占比重较小，这样方能收到众星捧月、重点突出、和谐统一的艺术效果（见图 4-30）。

图 4-28　苏州樾园庭院景观设计实景

图 4-29　绿色植物中的红色构筑物

图 4-30　中式庭院的色彩组合

四、对称与均衡

均衡是视觉艺术的特性之一，与物理学中的力学平衡原理类似，是局部与局部或局部与整体之间取得的视觉力的平衡，是达到景观艺术多样统一的必要条件。均衡的景观给人以心旷神怡、愉快安宁的感受。均衡分对称和不对称两种：对称均衡是简单的、静态的均衡；不对称均衡则随着构成要素的增多而变得复杂而具有动态感。

(一)对称均衡

对称均衡又包含轴对称、中心对称和旋转对称三种形式，其中轴对称是应用最广的一种形式，在景物的轴线两边作对称的布置。对称均衡易于产生整齐、理性、庄严和稳定的秩序感，通常用于陪衬主景(见图 4-31、图 4-32)。

图 4-31　中轴对称的庄重美感之一

图 4-32　中轴对称的庄重美感之二

(二)不对称均衡

不对称均衡没有明显的对称轴和对称中心，但具有相对稳定的构图重心。自然界中绝大多数景物是以不对称均衡的形式存在的，其获取均衡的方式与力学上的杠杆平衡原理类似。景观艺术构图中，使体量感大的景物靠近构图重心，而将体量感小的景物远离构图重心，便可取得均衡的视觉效果。

在景观艺术中不对称均衡的美学价值大大超过了对称均衡，大至景观总体布局，小至微型盆景，均可采用不对称均衡，它给人以轻松活泼的美感，充满动态感，因此也被称为动态均衡(见图 4-33)。

图 4-33　不对称均衡的动态美感

五、节奏与韵律

在景观艺术中韵律和节奏本身就是一种变化，是连续景观达到多样统一的必要手段。节奏是景观构图中同一要素有规律地重复出现，重复的间隔大小决定了节奏的快慢。韵律是在节奏的基础上形成的有规律的连续重复或变化。构成韵律的重复可繁可简，简单的重复单纯而平稳，多层次、复杂的重复中包含着多种节奏的相互交织，构图丰富而充满起伏和动感。韵律可分为简单韵律、交错韵律和渐变韵律。

(一)简单韵律

简单韵律是由一种要素按一种或几种节奏方式重复而产生的连续构图。简单韵律使用过多易使气氛单调乏味，因此仅适合小规模的景观连续构图，或用于变化丰富的景观构图环境中。如等距种植的行道树，迎合了人们所期望的秩序井然的心态，形成一种秩序美。

(二)交错韵律

交错韵律是由两种以上要素按一种或几种节奏方式重复交织、穿插而产生的连续构图(见图 4-34)。它可调节气氛，使环境充满轻松与和谐生动之感。高速公路两旁的种植设计常采用这样的手法，以避免驾驶员产生视觉疲劳。

(三)渐变韵律

渐变韵律是由连续重复的要素按一定规律有秩序地变化形成的连续构图。渐变韵律有时也包含着对立的两个因素，由相似到对比的逐步转化，景观艺术中常常使用这样的手法将相互对比的两个景物统一于同一景观构图之中，取得和谐的艺术效果。同时，渐变韵律还被大量运用于景观空间之间的相互过渡和转换，使景物间更易达成协调统一。重庆西九广场利用场地的形状和地形，采用与山城重庆相呼应的等高线平面元素构成广场上的铺装纹理，并布局水体、台阶、座椅、种植池，逐渐扩散的折线成为方向和形状各不相同的各要素之间的过渡，将广场整合为一个整体(见图 4-35、图 4-36)。

图 4-34　交错韵律

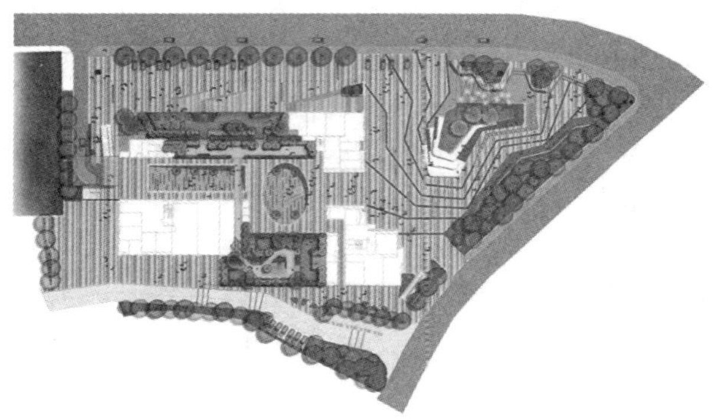

图 4-35　重庆西九广场的渐变韵律

（图片来源：https://www.gooood.cn/vanke-chongqing-xijiu-plaza.htm）

图 4-36　重庆西九广场实景

（图片来源：https://www.gooood.cn/vanke-chongqing-xijiu-plaza.htm）

六、比例与尺度

比例是物体各部分对比要素数量的比照关系，景观场所中各要素间保持良好的比例关系能给人以赏心悦目的视觉感受。良好的比例关系可以通过多种渠道获得，如斐波那契数列、等差数列、等比数列等。

黄金分割比在几何学上是可以简单求得的优美比例，约为 1 : 1.618。利用黄金分割比率建造一个矩形，其短边为 1 个单位长，长边为 1.618 个单位长。每次从矩形中去掉一个正方形，剩下的小矩形仍然有相同的比例。相反，在矩形的长边上添加一个正方形仍然有相同的比例。假如继续这种添加步骤，就会生出不断增大的螺旋线。这种螺旋线被称为“生命曲线”，因为可以在很多生物的生长中找到，如软体动物的壳（见图 4-37）。

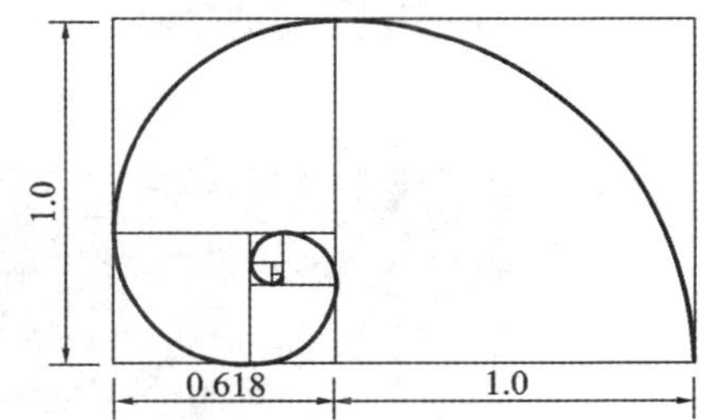

图 4-37　“生命曲线”螺旋线

当然，良好比例体现在景观艺术中，既有景物本身各部分之间的比例关系，也包含景物之间、个体与整体之间的比例关系。这些关系属于人们感觉和经验上的审美概念，很难用精确的数字来计量。“三分法则”便是由黄金分割定律衍生出来的行之有效的比例控制法则，它在调节要素体积或面积的比例时，将其分成 1/3 和 2/3 两部分来处理，以取得良好、和谐的视觉效果。

景观中的尺度是指景物与人的身高及使用活动间的度量关系，是人们对具体真实尺寸的感知。尺度概念的引入，体现了对景观场所中的活动主体——人的感受的充分关照。景观中的尺度包括正常尺度、稍小尺度和超大尺度，所谓尺度偏大、偏小都是针对具有一定限定的景观空间中的物体而言的（见图 4-38～图 4-40）。正常尺度是符合人体的尺度；稍小尺度轻巧多趣，给人以自然亲切的感觉；超大尺度能满足在意识形态上超脱生活以外的宏大的尺度要求，如宗教上、政治上的一些建筑物及其附属景观。

景观场所是三维的，人们观察周围景物的大小总是基于一定的距离，而透视现象使同一景物在人眼中的影像随着观察者与之距离的逐渐拉开，而逐步变小，景物在人的视觉感知中遵循近大远小的映射规律，同一尺寸的物体在由逼近观察者而逐步远离观察者的运动过程中，可以使人先后体验压抑、亲切、疏远和几乎没有感觉的过程。而通常景观空间都是具有一定尺寸限定的空间单位，设计师往往依据设计立意所预先构想的空间氛围来提供相应尺度的空间围合物及主要景物，以营造合宜的景观空间，即建立良好的尺度感。

图 4-38　小尺度景观

图 4-39　正常尺度景观

图 4-40　大尺度景观

第三节　形式要素的组合方法

形式要素的组合是指采用一定的方式将要素组织在一起，构成一定的艺术形式。影响要素组合关系的变量有数量、位置、方向、间距、形状等几个方面。景观形式要素的组合方式包括形体的组合、色彩的组合和质感的组合。

一、形体的组合

点、线、面各个要素通常组合在一起，很少孤立存在，而且它们之间的差异非常模糊。许多点可以表现为一条线或一个面，而从不同的距离看，平面可以像点、线的组合和实体面。形体要素组合的这种可变性对人们从不同距离、不同观察位置去理解景观形式有重要的意义。

（一）加法构成

加法构成也称配置构成，即将两个或多个形体组合在一起，可以是相同的形体，也可以是相似或不同的形体。形体之间有以下 8 种组合关系（见图 4-41）。

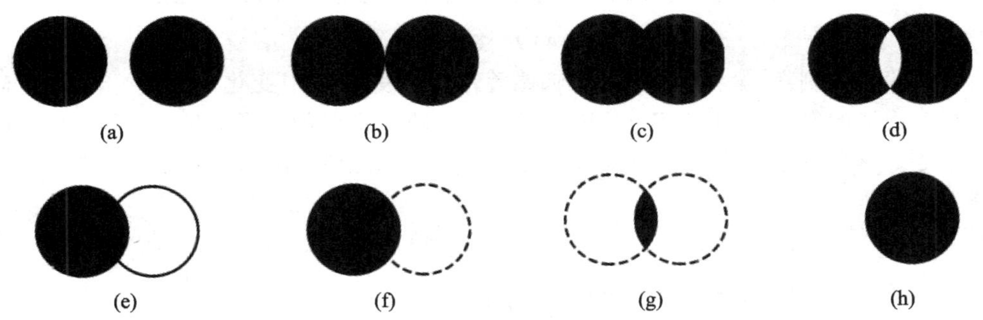

图 4-41　形体组合关系示意

(a)分离；(b)接触；(c)联合；(d)透叠；(e)覆叠；(f)减缺；(g)差叠；(h)重合

①分离：形体之间保持一定的距离而不接触，呈现出各自独立的图形。

②接触：形体的边缘恰好发生接触。

③联合：形体之间交错重叠，不分前后上下关系，而把两个形体联合起来，成为同一个空间平面内的较大的新的形体。

④透叠：形体之间交错重叠，重叠部分具有透明性，重叠部分产生透明的感觉。

⑤覆叠：一个形体覆盖在另一个形体上，覆盖在上面的形体不变，被覆盖的形体有所变化。

⑥减缺：形体之间相互重叠，保留覆盖在上面的形体，下面被上面覆盖所留下的剩余形体为减缺后的新形体。

⑦差叠：形体之间相互重叠，重叠部分成为新的形体，其余部分被减去。

⑧重合：两个相同的形体，不相互交错，其中一个覆盖在另一个上，成为合二为

一、完全重合的形体。

(二)分割构成

分割构成也叫打散,即把原来完整的形体拆分之后,按照一定的要求和形式美的法则重新组合成为新的形体。

①等形分割:形状与面积完全一样的分割,即用一种单位形把一个平面分成密密麻麻的方式。分割形态的单位形可以是直线,也可以加以变化,产生更多变化的图形(见图 4-42)。

图 4-42　等形分割

②等量分割:等量不等形的分割,比等形分割更加富于变化(见图 4-43)。包括平行四边形的等量分割、三角形的等量分割、以圆为主题的等量分割、正方形的等量分割等。等量分割的形状只要求分割出的新型面积相等,比例一致,不要求形的完全统一。

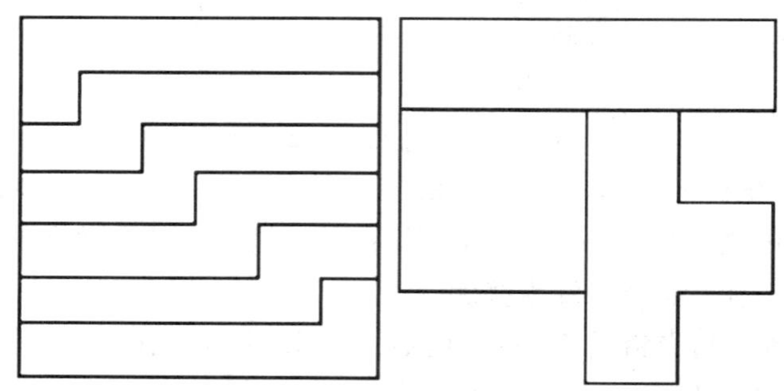

图 4-43　等量分割

③渐变分割:即分割线的间隔采用依次增大或减小的级数分割,包括垂直、水平线的分割与斜向分割。斜向分割是使用斜平行线与等差数列的渐变分割。此外还有波纹状分割、旋涡状分割等形式(见图 4-44)。

④相似形分割:属于等比分割,包括非具象形和具象形两类(见图 4-45)。

⑤自由分割:自由分割是不设规则,只将画面进行自由分割的方法。自由分割的图案能产生自由明快的感觉(见图 4-46)。

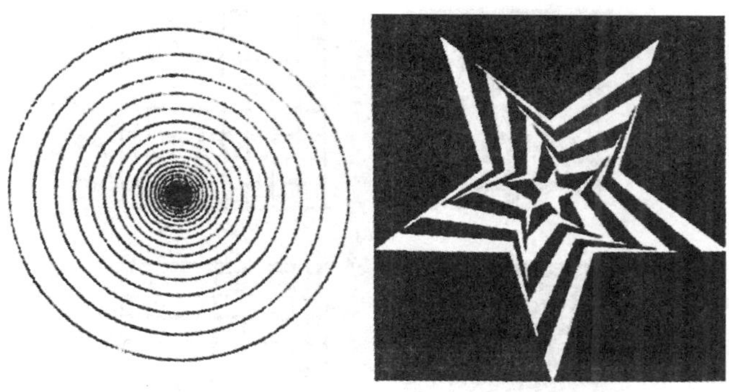
图 4-44　渐变分割

图 4-45　相似形分割

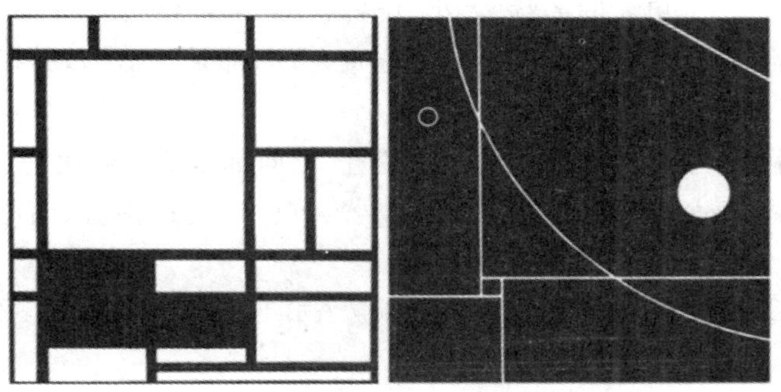
图 4-46　自由分割

(三)骨骼构成

骨骼是构成图形的骨架和格式，是为了将图形元素有秩序地进行排列而画出的有形或无形的格子、线、框。骨骼决定了基本形在构图中彼此的关系，有时骨骼也成为形的一部分。骨骼可以是单一骨骼，也可以是复合骨骼。骨骼可分为规律性骨骼、非规律性骨骼、半规律性骨骼。

规律性骨骼，有精确严谨的骨骼线，有规律的数学关系。基本形按照骨骼排列，有强烈的秩序感。主要有重复、渐变、发射等骨骼(见图 4-47)。

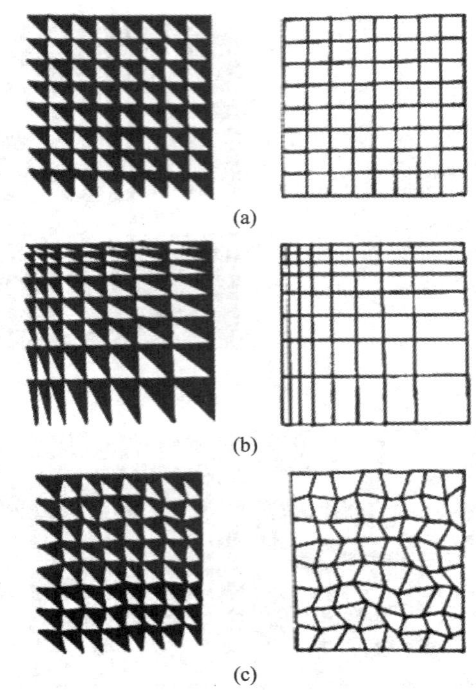
(a)
(b)
(c)

图 4-47　规律性骨骼

(a)重复骨骼;(b)渐变骨骼;(c)近似骨骼

①重复骨骼:每个单元的形状、大小、位置、方向都是相同的。

②近似骨骼:每个单元的形状、大小、位置、方向都是近似的,并以重复或近似的骨骼来排列。

③渐变骨骼:每个单元的形状、大小、位置、方向都是渐次变化的。

④发射骨骼:每个单元的形状、大小、位置、方向都是按同心、向心、离心、多心发射变化的。

非规律性骨骼,没有严谨的骨骼线,构成方式比较自由(见图 4-48)。主要有密集、对比、特异。

图 4-48　非规律性骨骼

①密集：是一种比较自由的非规律性骨骼，基本形数量较多，形成的图形有较强的随意性。

②对比：是非规律性骨骼中，形成画面形象特征最鲜明的一种。

③特异：大多数单元的变化是有规律的，少数或个别单元的形状、大小、位置、方向违反了规律和秩序，形成视觉中心。

二、色彩的组合

色彩与景观意境的创造、空间构图以及空间艺术表现力等有着密切的关系。配色是依据设计的目的与立意，考虑与形态、肌理相关联的色彩搭配，同时确定各自色彩的面积大小关系。

(一)色彩组合的一般形式

依据色相环的位置关系，色彩的组合包括 4 种基本形式(见图 4-49)：互补色组合、对比色组合、近似色组合、同类色组合。前两种组合形成强烈的对比，后两种形式易形成调和的关系。除了四种基本的组合形式，还要考虑多种色彩的组合，主景与背景的组合，不管采用哪种形式，色彩组合的总原则是调和。

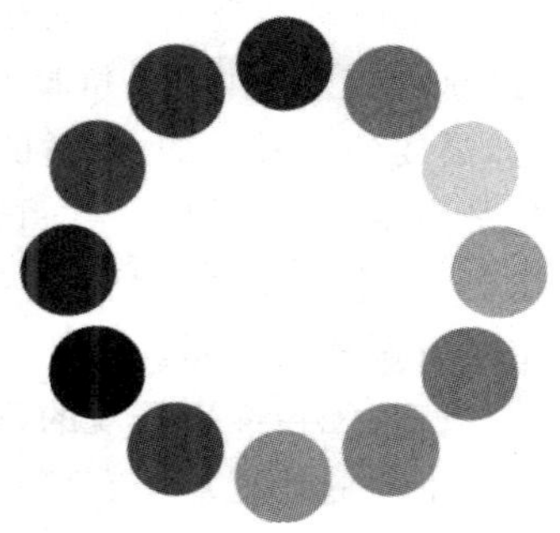

图 4-49　色相环

1. 互补色组合

在色相环上处于 180°关系的两种色彩称为“互补色”，具有极强的视觉冲击力与热烈感，但互补色的组合极易产生生硬、浮夸、急躁的景观氛围。

2. 对比色组合

在色相环上处于大于 135°关系的两种色彩称为“对比色”，对比色的组合产生中强对比效果，既活泼又旺盛。如“万绿丛中一点红”就是一个典型的例子，能产生清新、活泼、令人赏心悦目的景观意象。在花丛、树丛、草坪中都可见这种对比色的组合，这种配色须讲究色块大小、集散、浓淡的表现。冷色、明色、弱色的面积要大一些，宜作为背景色；暖色、暗色、强色面积小一点，宜作为图形色。色块的集中(成片涂抹)可以增强效果，色块的分散(零星点缀)则使效果减弱。

3. 近似色组合

在色相环上处于 90°关系的两种色彩称为“近似色”，近似色的组合产生中对比效果，色调统一和谐。红、橙、黄、褐就属于近似色，这种暖色调的调和有温暖、活跃、华美的景观意象，如树干、树叶。

4. 同类色组合

在色相环上处于 45°关系的两种色彩称为“同类色”，同类色的组合产生弱对比效果，属于极协调、单纯的色调。深深浅浅的绿色就属于同类色的调和。

5. 三种色相的组合

三种以上色相的组合，给人以色彩缤纷的感受。配色可以采用两种暖色和一种冷色进行调和。当几种色彩冲突时可以在各色中加入相同的黑色、白色或灰色而取得色相统一调和的效果。同时还需要注意增强深度感，如花小而艳宜远置，花大而淡则宜近置。想要强调整体感时可以成片涂抹。颜色较多时最好要确定主色调，才不会显得杂乱。

（二）配色与景观功能相适应

不同的景观为了满足不同的需要而设计，不同功能对于景观空间环境的需求不同，因而对景观的配色要求也不同。例如：纪念性建筑、烈士陵园等景观环境，营造的气氛庄重、肃穆，因而较为稳重的冷色系中的类似色可以营造出相应的气氛；而娱乐性空间（如主题公园、游乐园等）则需要营造出活跃的、热烈的、欢快的气氛，配色时应该充分利用明度和彩度比较高的对比色来形成丰富的视觉感受；在安静休息区，需要的是宜人的、舒适的、平和的气氛，配色应以近似色调和为主，即以自然环境色彩为主，同时采用一些重点色形成视觉焦点，从而满足人们较长时间休息的心理需要；儿童活动区的配色，应采用彩度较大的暖色系；老年活动区的配色，应采用稳重大方调和的色彩。

（三）配色突出景观的风格与个性

不同的地理环境有着不同的色彩表现。比如北方皇家园林的色彩以暖色调为主，是红、黄、蓝、绿的纯色组合，具有华丽、高贵的色彩意象，象征皇权的神圣，同时也可减弱冬季园林的萧条气氛。标志性的景观元素有红墙、红柱、黄瓦、彩绘、汉白玉栏杆等。江南私家园林的色彩以冷色调为主，具有素雅质朴的色彩意象，显示出文人高雅淡泊的情操，同时可减弱夏季的酷暑感。典型的景观元素有深灰色的青瓦屋面、深棕或红棕色的木作、淡雅的彩画、粉墙等。

日本园林最典型的枯山水石庭在色彩上属于无彩色（见图4-50），景观元素包含白沙、块石、不开花的树。茶庭也属于无彩色，景观元素包括山石的青苔、常绿树、木质的纹理、踏步石、步行小径、石灯、水井、洗水钵等。

图4-50　枯山水石庭的无彩色

墨西哥景观设计师巴拉甘对各种浓烈色彩的运用体现了其设计中鲜明的个性特色，他所设计的墙体的色彩取自墨西哥传统色彩，尤其是民居中的绚烂的色彩（见图 4-51）。

图 4-51 巴拉甘景观设计作品中浓烈的色彩

三、质感的组合

质感组合是景观设计当中一个重要的创作环节，在设计中应该依据景观的主题综合考虑素材与观赏者之间的距离，展现材料的肌理，并考虑质感之间的调和。质感组合应尽量发挥素材的固有美，材质本身固有的感受给人以真实、细腻感，可以营造出丰富的视觉感受。

质感的调和可以是统一调和、相似调和、对比调和。图 4-52 所采用的地面铺装，选择了丰富的材料，有地砖、卵石和磨石等，但材料的质感具有粗糙、朴实的共性，因此即可形成丰富的特性，同时又具有线条的感觉。质感的对比能使各种素材的优点相得益彰。比如石头坚硬强壮的质感与苔藓的柔软光滑的质感的对比，丰富了视觉效果和景观特色（见图 4-53）。

图 4-52 质感的调和

图 4-53 质感的对比

从不同的距离看，质感是变化的。细腻的质感宜于近观，粗糙的质感宜于远观，比如有整体轮廓美的植物。大空间可多选用粗糙质感的素材，空间会因粗糙质感而有良好的配合；小空间则宜多用细腻质感的素材，空间会因细腻的质感而使人感到雅致。

第四节　景观形式设计的方法

以逻辑为基础，以几何图形为模板进行景观形式要素的设计，所得到的图形遵循各种几何形体内在的数学规律，可以设计出高度统一的空间。

丹・克雷为达拉斯联合银行大厦设计的喷泉广场就是一个以几何形式为基础，高度统一的空间（见图 4-54～图 4-57）。首先，它在整个场地平面上铺放了边长 5 m 的网格作为首层空间，并在网格的交叉点上种植了 200 棵落羽杉。树木栽种在圆形的种植盆里。然后，他在第一层的基础上分别向左、向上移动 2.5 m，铺放了第二层同样大小的网格，但在交叉点上布置了喷泉，形成喷泉交织的第二层面。在第三层结构上，丹・克雷设计了宽达 10 m 的十字交叉形混凝土铺装，铺装四周是水体。在十字交叉点上，他设计了 1 m 见方的网格，在这些网格的交叉点上密密麻麻地排列了 361 个小喷泉，它们由电脑控制，可以喷出不同形状的水流。这种均等的网状结构一方面通过模数化的方式强调出场地的秩序感和规整性，另一方面也通过连续性的重复面使得空间显得大气而沉稳。

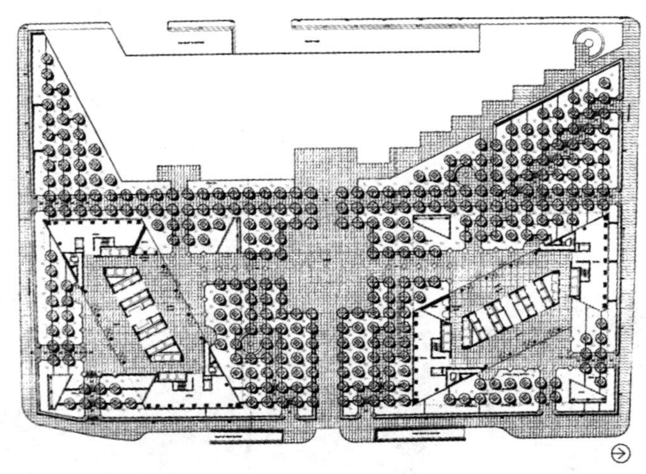

图 4-54　达拉斯联合银行大厦喷泉广场平面图

彼得・沃克是极简主义景观设计的代表人物，他在构图上强调几何和秩序，擅长用简单的几何形体进行设计。他的作品中最富极简主义特征的是唐纳喷泉，该喷泉位于哈佛大学的一个步行道交叉口。沃克在路旁用 159 块石头排成了一个直径约 18 m 的圆形的石阵，雾状的喷泉设在石阵的中央，喷出的细水珠形成漂浮在石间的雾霭，给人一种原始自然的神秘感（见图 4-58～图 4-60）。

图 4-55　达拉斯联合银行大厦喷泉广场跌落的瀑布

图 4-56　达拉斯联合银行大厦喷泉广场俯视图

图 4-57　达拉斯联合银行大厦喷泉广场树阵与喷泉

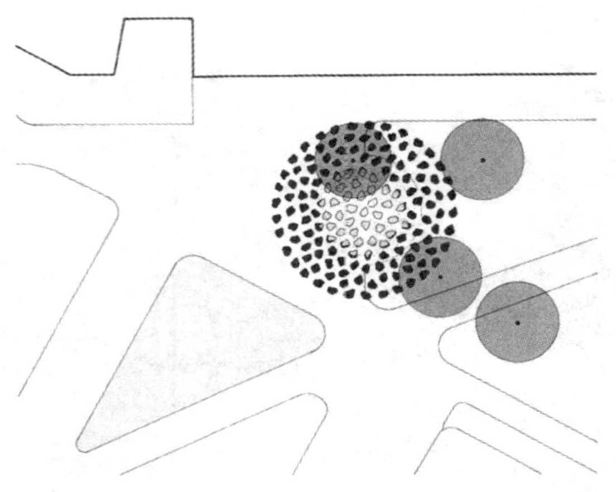

图 4-58 唐纳喷泉平面图

图 4-59 唐纳喷泉俯视图

图 4-60 唐纳喷泉实景

利用几何形状来发展设计方案的思路，分为定义模板、发展演变、形体整合三个步骤。通过把一些简单的几何图形或由几何图形变换出来的图形有规律地重复排列，就会得到整体上高度统一的形式。通过调整图形的大小和位置，就能从基本的图形演变成有趣的设计形式。具体的做法如图 4-61 所示，在画有功能图解的透明图纸上叠一张网格状的引导模板，上面再叠一张透明的草图纸，通过网格线的引导，功能图解中的粗略形状就会逐渐细化，新绘制的线条就代表了实际的物体，变成了实物的边界。在功能图解中用一条箭线表示的道路变成了以双线表示边界的道路，遮蔽物符号变成了墙体的边界，中心焦点的符号则变成了小喷泉（见图 4-62）。

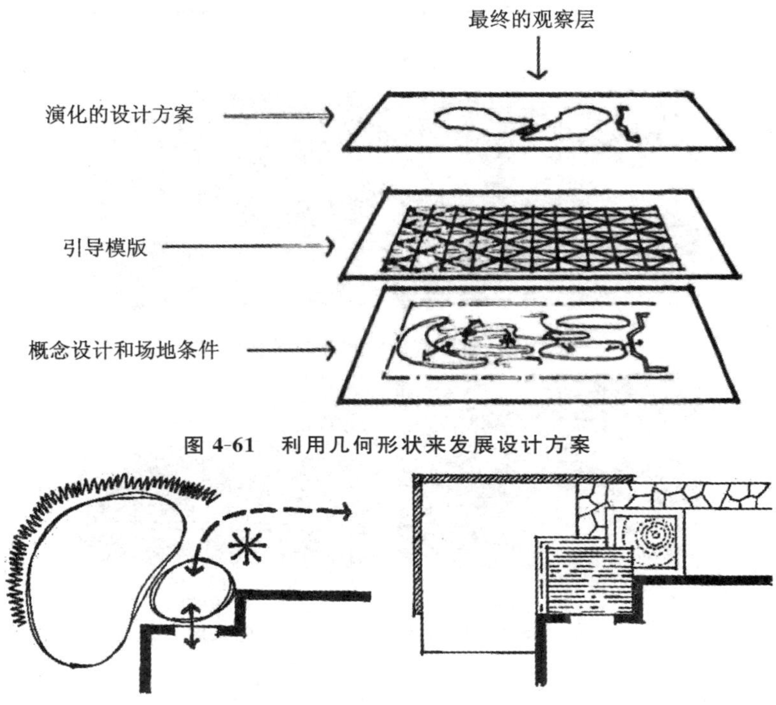

图 4-61　利用几何形状来发展设计方案

图 4-62　功能图解深化为平面形式

一、网格模式

（一）90°模式

首先我们来看下最基本的 90°模式，这种最容易与中轴对称搭配，经常被用在要表现正统思想的设计中（见图 4-63）。矩形的形式不仅简单，也能设计出一些不寻常的有趣空间，尤其是把垂直因素引入其中，把二维平面变成三维空间之后。

印度海德拉巴的一个住宅项目中，槃达设计了一个以矩形为设计语言的景观，实现了功能性和美观性的完美结合（见图 4-64）。设计师从印度的楼梯井中获得灵感（见图 4-65），在景观中打造了一系列台阶，台阶用作绿植空间，种满鲜花、香草和草坪，成为居民共用的花园。设计师结合印度的水迷宫对台阶进行了调整，以营造不同的背景氛围：从有公园漫步般享受的私家花园到可以进行大型集会的开放式广场（见图 4-66、图 4-67）。

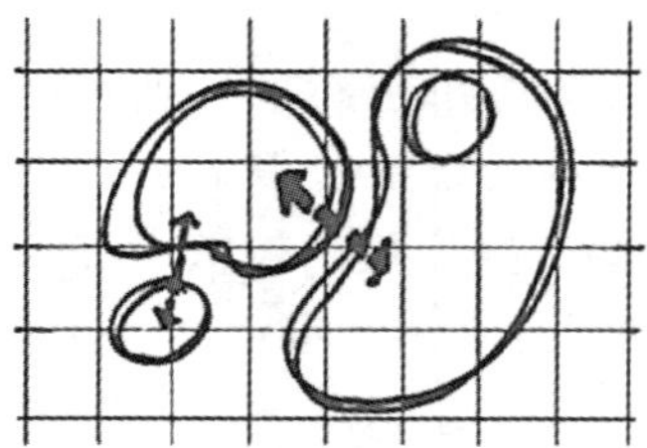

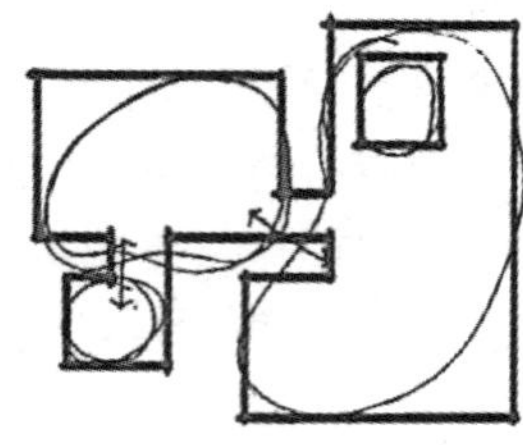

图 4-63　90°模式

图 4-64　印度魔风式景观设计俯瞰图

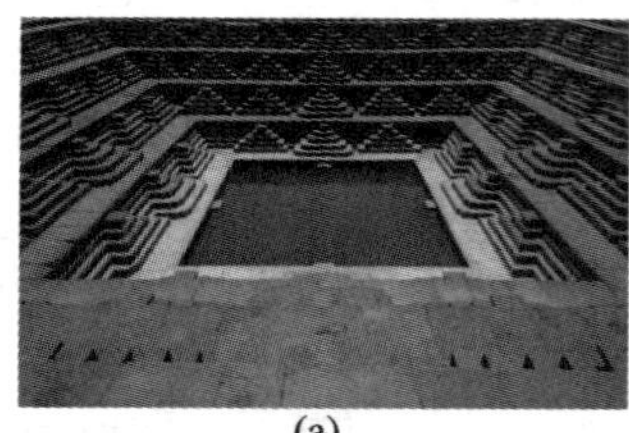

(a)

(b)

图 4-65　印度魔风式景观设计灵感来源

(a)楼梯井;(b)水迷宫

(图片来源:https://www.gooood.cn/magic-breeze-landscape-design-by-penda.htm)

图 4-66　印度魔风式景观设计实景一

(图片来源:https://www.gooood.cn/magic-breeze-landscape-design-by-penda.htm)

图 4-67　印度魔风式景观设计实景二

（图片来源：https://www.gooood.cn/magic-breeze-landscape-design-by-penda.htm）

张唐景观在五道口宇宙广场的设计中，选择了形式简单的直线铺装，结合了能旋转的圆形转盘，动静结合，增加了广场的趣味性。在广场一侧的座椅区，也是通过高度的变化，增加了座椅可容纳的人数，也为观赏广场内的活动提供了看台（见图4-68）。

图 4-68　五道口宇宙广场的直线铺装和座椅区

由玛莎·舒瓦茨事务所（MSP）设计的北京昌平北七家科技商业区也是采用了直线的设计元素（见图 4-69、图 4-70）。线性的景观元素以铺地、植被形态、街道家具、照明形式与入口构筑物等不同的方式呈现，并将座椅等设施与铺地结合，通过垂直高度的起伏使直线方案增加了变化（见图 4-71）。

（二）135°模式

把两个矩形的网格线以 45°相交就能得到八边形主题的基本模式（见图 4-72）。重新描绘出具体的物体或材料的边界，这个变化的过程很简单。网格线只是一个参照模板，所以不必精确地描绘上面的线条，但是应该重视各模块对应线条之间的平行关系。当改变方向的时候，主要的角度应该是 135°，应避免出现 45°角，并控制 90°角的数量。在大多数情况下，锐角会引起一些问题：一是难以施工，容易损坏；二是

图 4-69　北七家科技商业区中心景观的直线元素

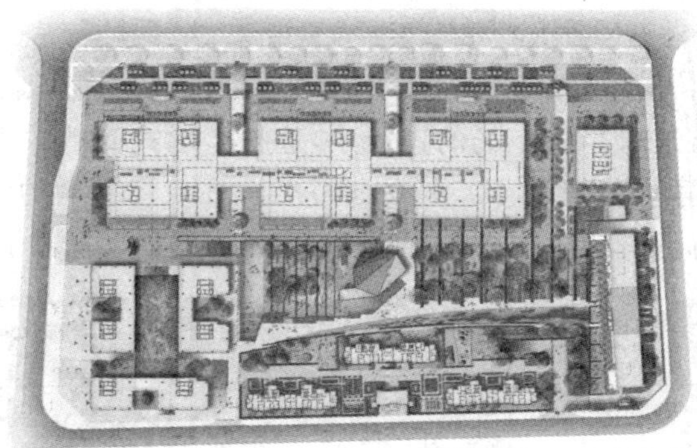

图 4-70　北七家科技商业区总平面

图 4-71　北七家科技商业区内与铺装材质相同的座椅

过于尖锐让人不舒服。

墨尔本的圣詹姆斯广场，是一个商业广场。设计师通过铺装设计和设计要素的运用，使得景观广场与建筑建立起强烈的视觉联系（见图 4-73、图 4-74）。45°网格的应用，给原本局促的空间带来强烈的动感。不同标高的两个平台通过材质的变化形成强烈对比。

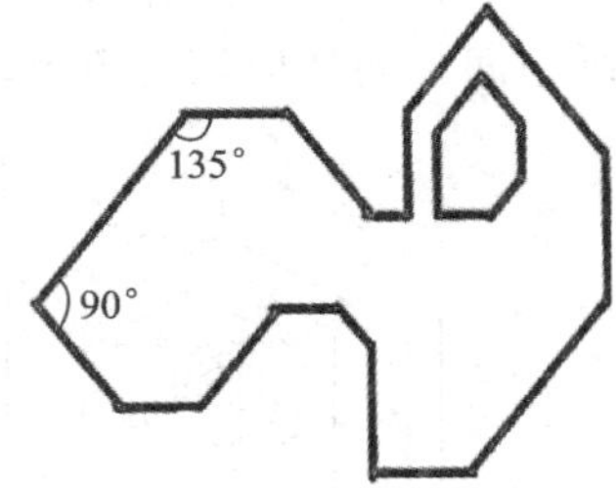

图 4-72　135°模式

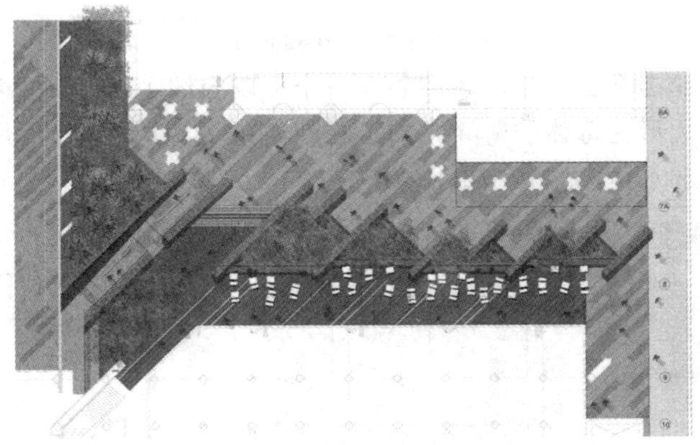

图 4-73　圣詹姆斯广场平面图

图 4-74　圣詹姆斯广场实景

(三)60°模式

作为参照图案,这个主题可以看作是以 60°等边三角形组成的网格。把网格覆盖在功能图解上,可以描画出一个六边形的景观元素(见图 4-75)。根据功能图解的需要,可以按照相同尺度或者不同尺度对六边形进行复制,也可以把六边形放在一起,使它们相接、相交或彼此镶嵌。为了让空间表现得更加清晰,可以擦掉某些线条。根据设计需要，可以采取提升或降低水平面、突出垂直元素，或者发展上部空间的方法来开发三维空间。同样应该避免出现锐角。

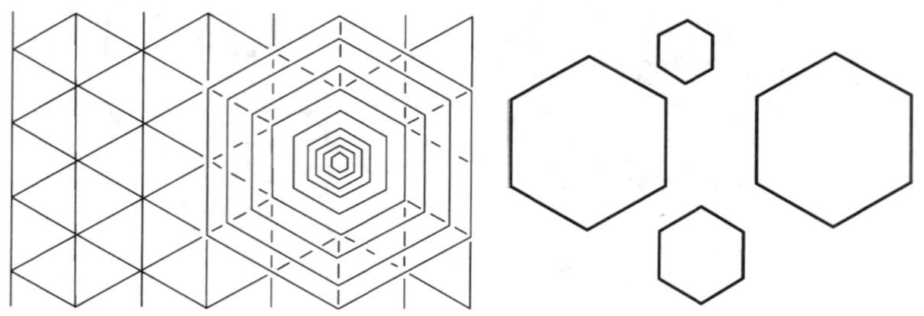

图 4-75　60°模式

西班牙巴利亚多利德千年广场中心有一个可以容纳 1500 人的多功能建筑，这个建筑是一个以六边形为母体的薄膜结构。在建筑的周边，设计师沿用六边形的形式语言设计了绿化和水体(见图 4-76、图 4-77)。

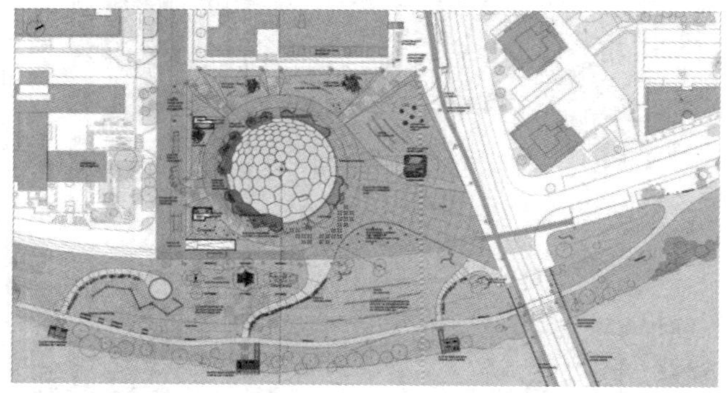

图 4-76　巴利亚多利德千年广场平面图

图 4-77　巴利亚多利德千年广场实景

二、弧线模式

(一)圆

圆形是最容易想到的几何图形，圆的魅力在于它的简洁性、统一感和整体感，但是在广场中单个圆形的应用会形成强烈的中心感，与周围环境的结合存在困难，当多个圆形组合在一起可以很好地化解这一难题。圆的尺寸和数量由功能图解方案所决定，必要时还可以把它们嵌套在一起代表不同的物体。连接周边直线时，应注意使它们的轴线与圆心对齐，避免两个圆小范围地相交产生锐角，也要避免两圆相切在连接点处形成尖角(见图 4-78)。

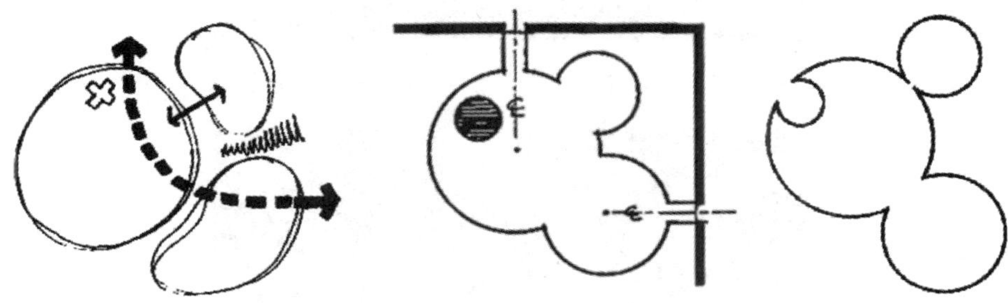

图 4-78　圆形的组合

费城海军造船企业中心景观公园运用了一系列的圆形要素(见图 4-79)。场地面积 1.8 公顷，分布了大大小小 30 多个圆。在实现构图的整体性同时，每个圆形成了各自独立的空间，也拥有各自的功能，如健身站、露天剧场"阳光草坪"、吊床林、球场、乒乓球桌、公共工作台、雨水收集装置等(见图 4-80)。主场地最外圈是约 6 m 宽的运动跑道，环形跑道长约 320 m(见图 4-81～图 4-83)。

图 4-79　费城海军造船企业中心景观公园俯瞰图

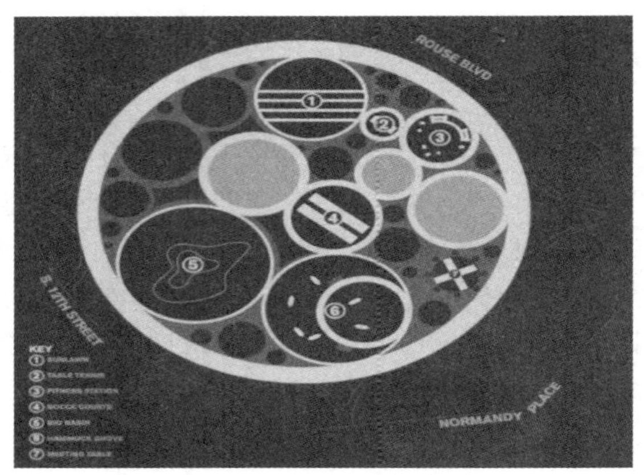

图 4-80　费城海军造船企业中心景观公园功能图

图 4-81　费城海军造船企业中心景观公园实景照片

图 4-82　费城海军造船企业中心景观公园健身场地

图 4-83　费城海军造船企业中心景观公园露天剧场

(二)同心圆与半径

用同心圆把半径连接在一起，形成一个"蜘蛛网"一样的网格，也可以作为引导模板，放于功能图解纸上。根据功能图解中各空间的尺寸和位置，遵循网格线的特征，绘制实际物体的平面图，擦去部分线条，并与周围的元素形成连接。同心圆和半径的形式语言在广场设计中是最常用的(见图 4-84)。

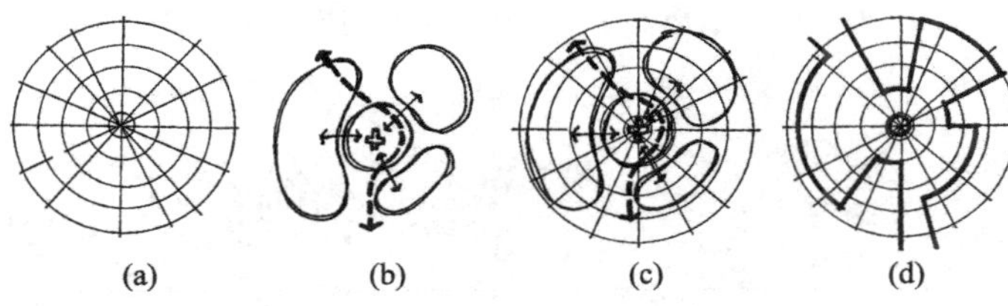

图 4-84　同心圆与半径的组合

(a) 同心圆网格；(b)功能图解；(c)图纸叠加；(d)得到形式语言

泰康商学院是两个 L 形围合而成的方形建筑群，中间有一个圆形围廊，围出一个圆形中庭、一个三角形庭院和两个过道空间，整个庭院全部位于地下建筑顶部(见图 4-85)。中庭的景观采用了同心圆的设计，首先是一圈圈渐开的圆环，形成 0.7 m 宽的小径，围绕并连接从建筑主轴线延伸进来的水体。就如生命泛开的水波，融进环形的建筑廊道空间里(见图 4-86)。圆环围绕中心轴线展开，从环廊门口进入庭院的步道，作为第二层线条，或宽或窄，弯弯曲曲地连向中间水体。作为种植的"岛"和其外边"缓冲"的砾石组成的"沙滩"，穿插在两层交通空间之间(见图 4-87)。

图 4-85　泰康商学院中心庭院

(图片来源：https://www.gooood.cn/central-gardenscape-for-taikang-business-school-by-farmerson-architects.htm)

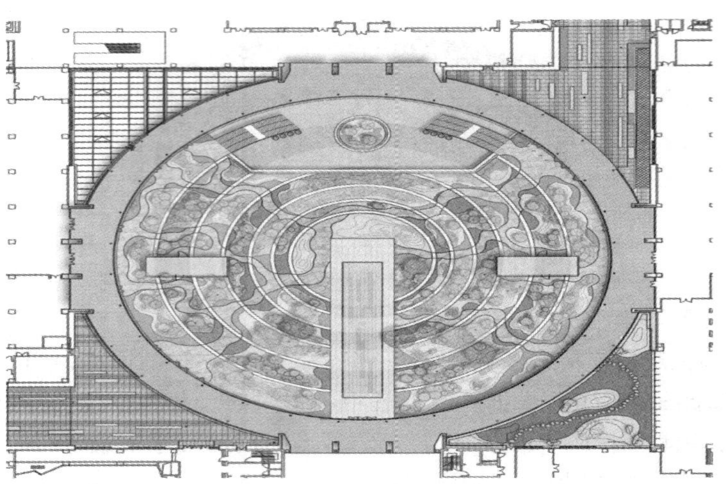

图 4-86　泰康商学院中心庭院景观设计平面图

图 4-87　泰康商学院中心庭院俯瞰图

不同大小的圆套叠在一起时，如果改变圆心的排列方式会带来很微妙的变化（见图 4-88）。

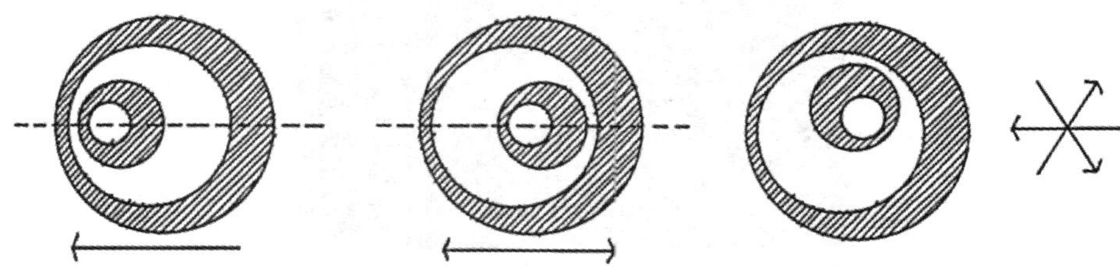

图 4-88　圆心偏移示意图

(三)圆弧和切线模式

用盒状外框框住功能图解的方案，在拐角处绘制不同尺寸的圆，使得每个圆的边和直线相切，描绘相关的边，形成由圆弧和切线组成的图形，让简单的连线与周边环境相融合(见图 4-89)。

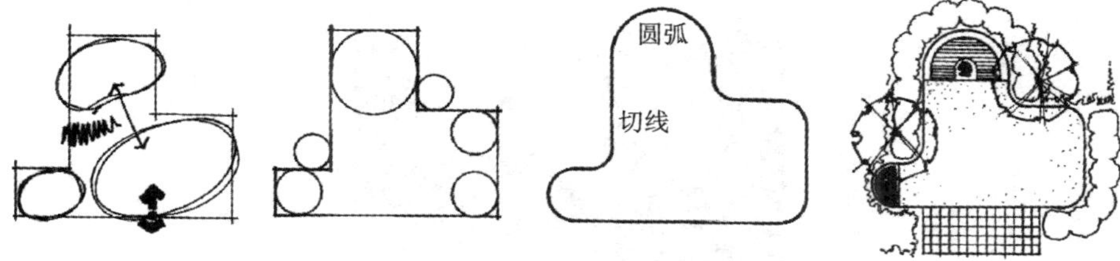

图 4-89　圆弧和切线模式

如果你觉得这种盒子样式的图形过于呆板，可以在细化图形之前采取另一个步骤。可以将绘出的圆沿着不同的方向推动，然后把对应的切线画出，看上去像一根围绕轮子的传送带。最后形成如图 4-90 所示的比较松散的流线形式，其中隐含有规则式的成分。

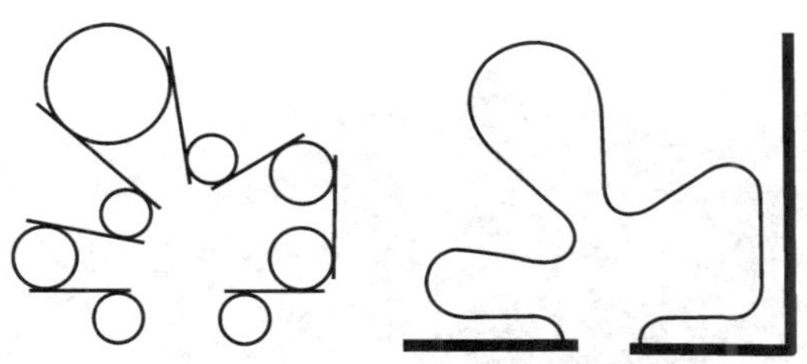

图 4-90　切线模式的变体

圆弧和切线的组合是布雷・马克斯常用的一种形式语言。这位巴西景观设计师是 20 世纪最有天赋的景观设计师之一，他将现代艺术在景观设计中的运用发挥得淋漓尽致。在巴西利亚外交部大楼景观设计中，布雷・马克斯用简洁的手法设计了大面积平静的水面。圆弧和切线组成的混凝土花池如同小岛一样漂浮于水面上，有的浮出水面，有的沉于水底，适合不同习性的植物生长(见图 4-91～图 4-93)。

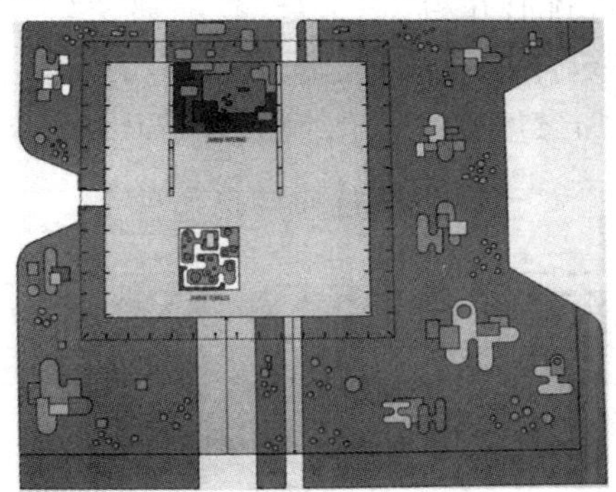

图 4-91　巴西利亚外交部大楼景观设计平面图

图 4-92　巴西利亚外交部大楼景观设计实景一

图 4-93　巴西利亚外交部大楼景观设计实景二

（四）弓形

也可以从一个基本的圆形开始，把它分隔、隔离，再把它们复制、扩大或缩小。沿同一个边滑动这些图形，合并一些平行的边，可以得出一个新的轮廓线。该设计可以通过标高的变化、增加设计要素来增加空间的变化（见图 4-94）。

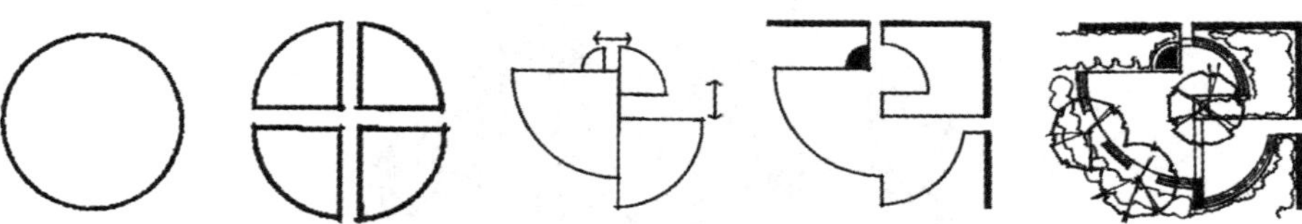

图 4-94　弓形模式

索尼中心位于德国柏林波茨坦广场北部的一块三角形地面上，中部修建了一个椭圆形、顶部为遮阳篷的广场（见图 4-95、图 4-96）。彼得·沃克在广场的设计中采用了重复构图形式的三维空间概念。建筑的首层和地下层之间是一个弓形花坛，与弓形图案相交的是一个圆形的水池，水池大部分位于广场上，小部分悬在地下采光窗上，成为建筑地下层透明的屋檐（见图 4-97、图 4-98）。在地下电影媒体中心的酒吧里可以欣赏到水池带来的奇妙的光影变化，整体设计简约、干净、利落、巧妙。

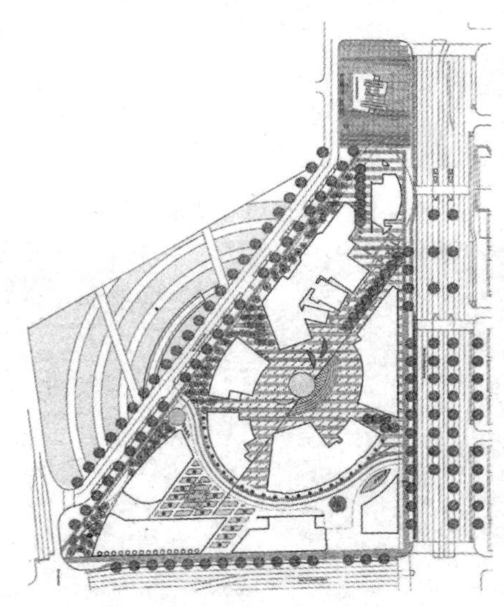

图 4-95　索尼中心总平面图

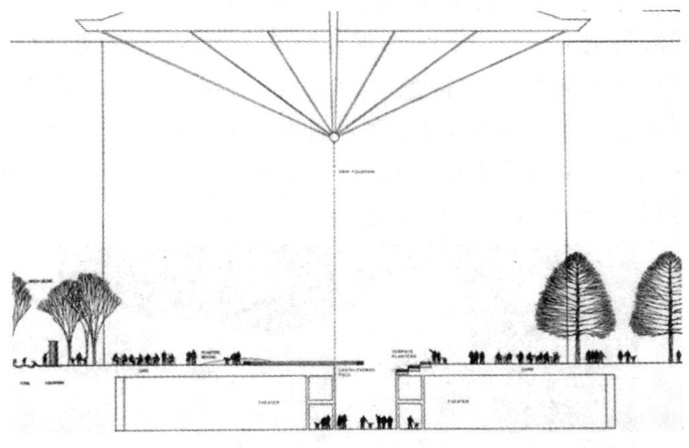

图 4-96　索尼中心广场剖面图

（五）椭圆

椭圆因为有两个圆心，有长轴和短轴的区别，所以比圆形要有动感。可以将单个元素用于广场设计，也可以将多个椭圆进行组合。在组合时，圆的组合变化原则也同样适用。

美国旧金山金门大桥国家公园设计方案竞赛中，OLIN 事务所的设计在分析了

图 4-97　索尼中心花坛实景图

图 4-98　索尼中心悬挑水池

周边的视觉环境的基础上，提出以 U 形视线谷来强化精准视线的控制（见图 4-99），并运用几何图形展现了该地区的特色，反映出场地内外自然和人为的景观特征（见图 4-100）。该方案包含 3 个区域，每个区域和景观都有明确的关系（见图4-101）。设计师在活动区设计了三个椭圆形的场地，结合地形在椭圆形的一端形成抬升的座椅休息区，可以看到椭圆形场地内人的活动（见图 4-102）。

图 4-99　美国旧金山金门大桥国家公园 OLIN 事务所方案之视线分析

（图片来源：https://www.wxwenku.com/d/106342029）

图 4-100　美国旧金山金门大桥国家公园 OLIN 事务所方案鸟瞰图

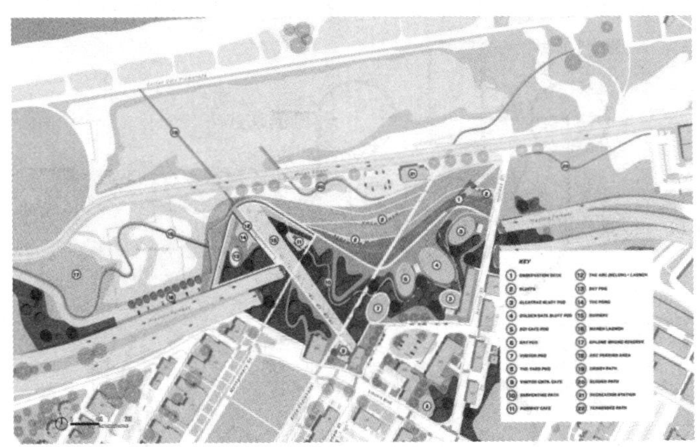

图 4-101　美国旧金山金门大桥国家公园 OLIN 事务所方案平面图

图 4-102　椭圆形活动场地

三、形体整合

为了归纳几何形体在设计中的应用，可以选一个功能图解，用不同的引导模板进行设计。每一个方案中都有相同的元素：临水的平台、设座位的广场、小桥和必要的出入口。可以看出，采用不同的几何形体可以产生不同的空间效果。仔细看这些图，可以发现每一个具体方案都非常统一协调。这种强烈的统一感是因为方案中只使用了一种形式语言，即重复使用同一个类型的形状、线条和角度，只靠改变尺寸和方向来避免单调。这在比较简单的小空间中是一种很实用的方法，但是在较大尺度上或更为复杂的空间中，常常需要连接两个或更多相互对立的形体。

创造一个协调的整合体时，最有用的整合规则是使用 90°角连接。当圆形与矩形或其他各角度的图形连接在一起时，沿半径或切线方向使用直角是很自然的事。这时所有的线条和圆心都有直接的联系，进而使彼此之间形成很强的联系。90°连接也是蜿蜒的曲线和直线之间及直线和自然形体之间可行的连接方式(见图 4-103)。

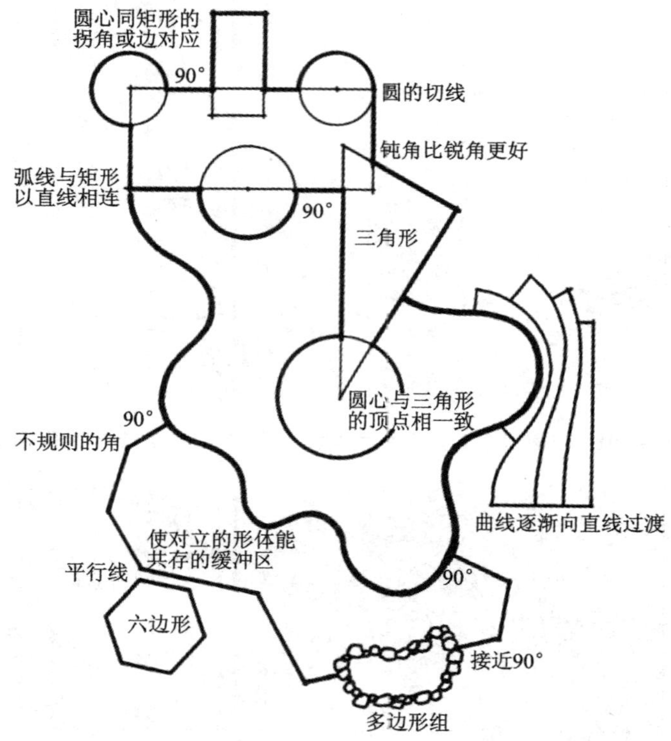

图 4-103　形体整合的原则

平行线是两种形体相接的另一种形式。钝角的连接方式不太直接，适用于部分情况，但要尽量避免锐角的使用。另外，也可以通过缓冲区和逐渐变化的方法达到协调的过渡效果。缓冲区意味着给相互对立的图形之间留出整洁的视觉距离，以缓解任何可能的视觉冲突。

四、突破常规的创新设计

以上介绍的是景观设计中运用形式语言进行设计的常规方法，而并非所有的设计都可以归为以上几类。事实上，在当代景观设计中，有很多突破常规的创新设计给人耳目一新的感受。

北京朝阳门 SOHO 广场采用三角形的形式语言，打破了普通设计中的方正格局，营造出热闹、前卫的氛围（见图 4-104）。在景观设计中，三角形属于最难运用的形态元素，因为锐角会带来很多使用上的不便，而且大量锐角的使用，会将冲突和紧张感带入设计中；但另一方面，三角形棱角分明，处理得好会让设计有强烈的现代感。

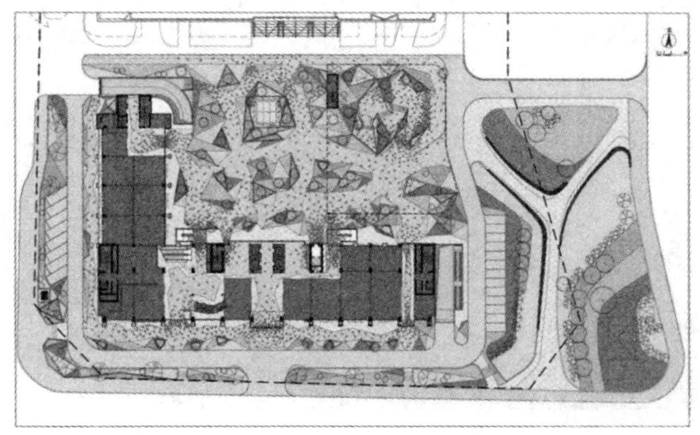

图 4-104 北京朝阳门 SOHO 广场平面图

在北京朝阳门 SOHO 广场设计这个案例中，大小不同、朝向不一的三角形结构散落在地面上，看似随意，却是设计师严谨排列的艺术成果，尤其是分布在交通路线上的三角形结构，是经过专业分析和梳理的，能起到合理引导人流的作用（见图 4-105）。相关人员对三角形结构的尖角相接部分进行了巧妙的工艺处理，使得这些三角形结构棱角分明却不存在安全隐患。

图 4-105 北京朝阳门 SOHO 广场效果图

广场上三角形造型的草皮、花灌木和乔木组合成一个个立体式的花坛和小品，为整个设计增添了序列感和三维立体感(见图 4-106)。地面铺装采用深浅两种颜色和设计风格统一的三角形结构，深色的三角形地砖采用光面石材，在阳光照耀下与其他浅灰色毛面地砖形成鲜明的对比，产生不同的光影效果，丰富了游人的视觉体验。从空中俯瞰，排布或紧或松的深色三角形结构与三角形的草坪和树池形成呼应与对比，将整个场地装饰得极具趣味性。

图 4-106　北京朝阳门 SOHO 广场俯瞰图

通过对这些创新设计的分析，不难看出它们中的多数依然遵循多样统一、对比调和等形式美的规律。对于初学者来说，首先应学会把控设计的整体感，将各种设计语言整合成一个协调的整体，在多种设计元素的杂乱和单一设计元素的单调之间找到平衡。

第五章 景观空间的限定和组织

景观空间是介于自然空间和建筑空间之间的一种特殊的空间形态。从本质上看，景观空间也属于人工营造的空间，具有人工空间的基本属性，相对于建筑空间而言，景观空间又具有更多的自然属性，因而也具有自身的生命特质。从空间建构的角度看，景观设计的本质是在既有的空间环境之中，依据一定的功能和审美需求，对环境要素进行安排，从而创造出具有一定形式与意义的空间。

第四章阐述了如何运用平面构成的方法进行景观设计。景观设计中有相当多的工作在于研究平面，既有对人流动线、功能的研究，也有对景观空间划分的思考。从平面入手进行设计构思是景观设计中常用的工作方法，但景观设计不同于平面设计，它是将空间的形态、尺度、围合等以平面的方式表达呈现，其实质仍然是三维空间的设计。

第一节 空间的限定

当人的视线被物体阻挡，将物体与人眼之间的空间部分组合在一起就形成了视觉空间。空间本身具有不确定性，需要依靠物体来限定界限。如图 5-1 所示，空间与其限定要素之间是相辅相成的关系。人们看到的是限定要素的形式，感觉到的是空间的属性，或者说空间与其限定要素是作为一个整体被感知的。从建筑学的角度来看，界定空间的三个界面是底界面、垂直界面、顶界面，它们共同形成了具有明确的范围与形式和限定意义的建筑空间，而景观空间不像建筑空间一样范围明确，只是三个界面单独或共同组合而成的具有实体性或暗示性的范围。不同组合方式可限定出不同特质的景观空间，主要有垂直界面限定、顶界面限定和底界面限定三类。

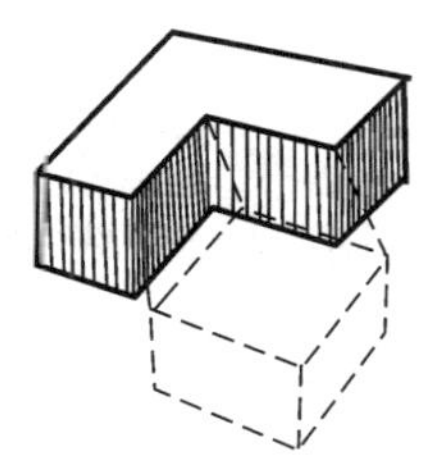
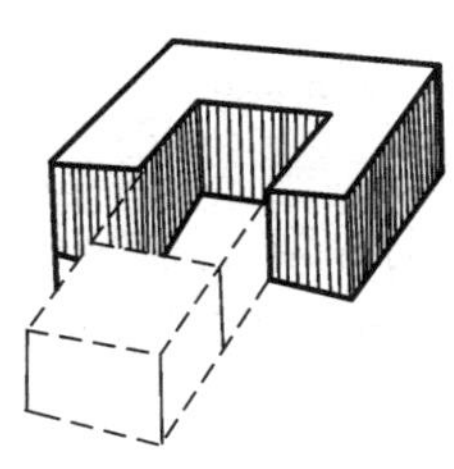
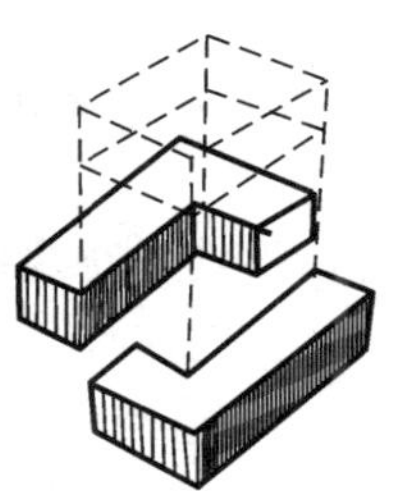
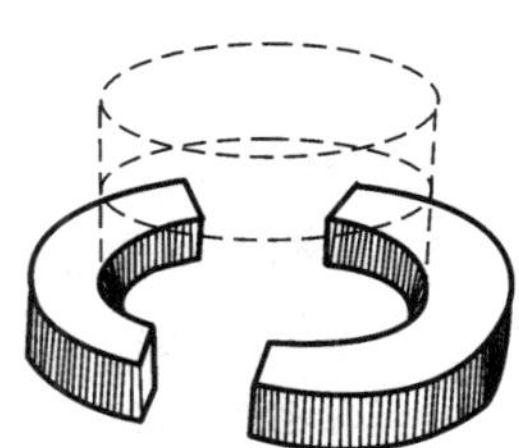

图 5-1 空间的形成

一、垂直界面限定

由垂直面限定的是围合空间，比较封闭，有安定、私密感。围合物越高，私密感、封闭感越强，围合物的高度如果低于眼睛的高度，就会失去封闭感和私密性。

垂直因素是景观空间限定三要素中最显眼且易于控制的，在创造景观空间的过程中具有重要的作用。如利用景墙或分枝点较低的树丛可有效地界定室外景观空间。垂直围合可由地形、栅栏、墙、建筑物、植物等单独或共同作用。墙是建筑与景观之间的连接物，是最有力的空间界定者和围合物。

在实际的景观空间中，以单一垂直界面限定空间的形式并不多，多数是以界面组合的方式围合限定空间。组合方式可由线形要素与面状要素组合，也可以是几个面状要素的组合。组合的形式有 L 形组合、平行组合、U 形组合、口形组合（见图 5-2）。这四种组合与建筑空间的垂直界面组合比较接近，但在户外空间中几乎不存在真正的四个面完全闭合的空间。

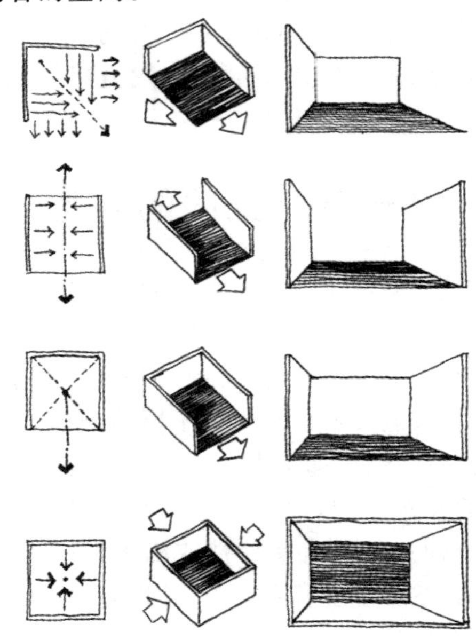

图 5-2　垂直界面的限定类型

（一）L 形围合

一对相交的垂直面从它转角外延对角线向外限定了一个空间范围，延对角线向外空间感越来越弱。转角处具有内向性，边沿部分具有外向性。

（二）平行围合

一对平行的垂直面，在它们之间限定出一个空间范围。这个空间沿着这两个面的对称轴会形成强烈的方向感。但其两端没有限定物，因此是开敞的。但当垂直面之间的距离不断缩小，且平行垂直面的长度大大长于其间距时，会形成围合度较强的狭长空间，此时景观空间的景深感格外强烈。

（三）U 形围合

在垂直面的 U 形组合限定的空间范围内，有一个内向的焦点，同时方向朝外。在垂直面相交的一端，空间限定感较强；在开放端，空间具有一定的开敞性。

（四）口形围合

口形组合的垂直面，完整地围起一个空间，这是室内空间中最典型的限定形式，空间封闭感极强。但在室外空间中基本不存在完全封闭的空间，可能是垂直面之间不完全相交，从而形成四角开敞的阳角空间，也可能是部分垂直面高度较小，或部分垂直面并非实体界面，从而使得该空间与相邻空间有一定的贯通性和渗透性。

二、顶界面限定

如图 5-3 所示，由顶界面限定的是覆盖空间。塑造景观空间的顶面可以是开阔的天空、高大的树冠以及形式各异的顶棚、亭子等。这种空间符合审美的自在、随机特征，可结合座椅等设施形成舒适的休憩空间，还能引发人们的想象和审美。顶界面限定空间的形式是由顶面的形状、大小和地面与顶面之间的高度所决定的（见图 5-4）。顶面与地面之间的高度过低会使人感到压抑，过高则使人感到不亲切。高度与顶面的面积比越小，空间感越强，反之则空间感越弱。顶面限定物的图案、颜色、质地也会对它所限定的空间特征产生明显的影响。巴黎新区入口的德方斯拱门是一个门形的高层建筑，在城市尺度上，它作为城市主轴线的对景气势磅礴。但 105 m 宽的正方形建筑，大大超过了人体尺度，人在这样的空间中会感觉到自身的渺小。因此，设计师在门内悬挂了一张叫做“云”的天幕，增加了空间的限定感，改善了人的空间感受（见图 5-5）。

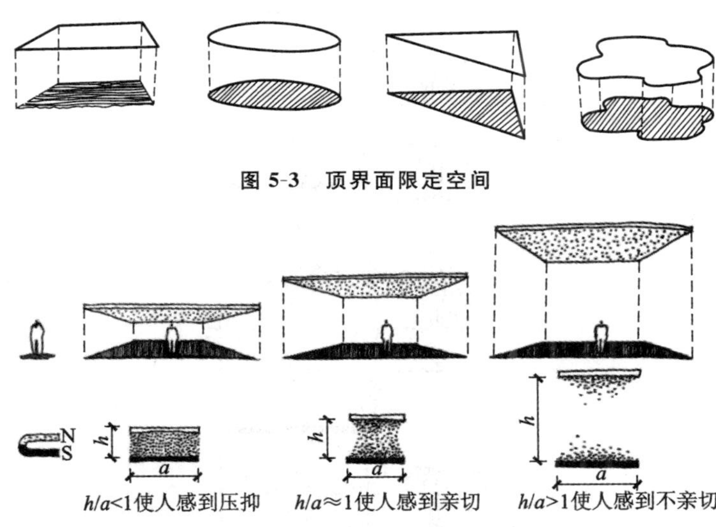

图 5-3　顶界面限定空间

图 5-4　顶面高度与空间的关系

图 5-5　德方斯拱门内悬挂的云顶

三、底界面限定

(一)上升与架起

上升与下沉都是底平面局部高度发生变化形成的虚空间。升起的基面将在大空间范围内创造一个比仅有基本限定感强的空间领域(见图 5-6)。升起面边沿的色彩和质感的变化可以加强空间的限定感。升起的空间具有外向性,体现了空间的重要性。升起的空间可以吸引人的注意力,用来体现神圣、庄重和开阔的景观视野,如舞台、祭坛、观景平台。

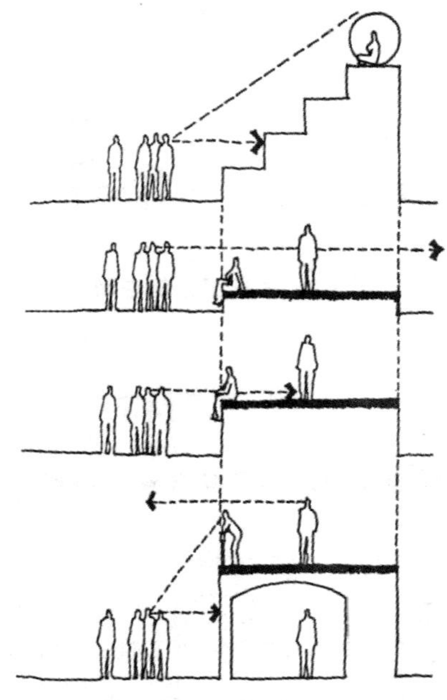

图 5-6　底界面抬升

升起的空间如果把下部解放出来就形成了架起空间，有活泼多变的感觉，适用于游乐性场所。

（二）下沉

基面的下沉比抬升带来的空间限定感略强，这是因为空间的垂直面是可见的。下沉空间具有内向性、保护性和宁静感。下沉空间与周围的空间连续性取决于下沉深度，当下沉深度超过人的视线高度之后，下沉空间与周围空间视觉连续性中断，成为独立的围合空间（见图 5-7）；但当可见的垂直界面采用斜向或阶梯状时，下沉深度是连续变化的，有助于维持不同高度空间之间的连续性。

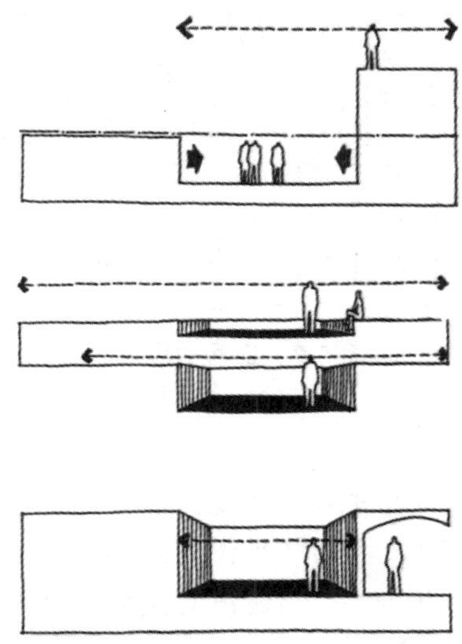

图 5-7　底界面下沉

（三）肌理变化

利用地面上的图案、色彩或材料的肌理变化来限定空间，形成的是虚空间，空间的限定感较弱，适宜于用来暗示不同的功能用途（见图 5-8）。图案或肌理变化的轮廓越清晰，所限定的范围也就更明确。

图 5-8　通过不同的铺装颜色划分活动区域

第二节　空间的属性

设计中人们关心的是空间围合所产生的审美心理效应。如图 5-9 所示，任何一种空间都具有抽象的特质或空间属性，不同的空间可以引发不同的感受（如紧张、放松、欢乐、沉思），诱发不同的行为（如暗示人们停留或通过）。同时人们也会因不同的行为需求而选择不同的空间。因此，确定空间的性质是进行空间设计的第一步。空间的尺度、形状、特征必须与功能相适应。

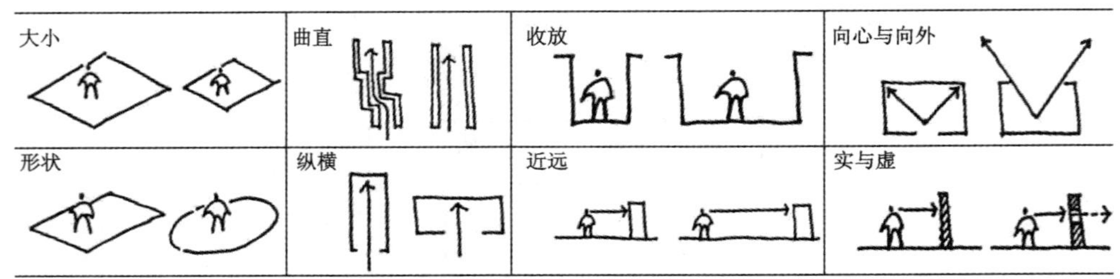

图 5-9　空间的属性

一、空间的封闭性和围合度

空间的封闭程度（围合程度）取决于限定空间的垂直界面的高度。垂直界面高为 30 cm 时，能够勉强区别领域，空间几乎没有封闭性；垂直界面高度在 60 cm 时，与 30 cm 相似，空间在视觉上有连续性，但还没有达到封闭性的程度；当垂直界面高达 120 cm 时，身体的大部分逐渐看不见了，让人产生安心的感受。作为划分空间的隔断，其功能性增强的同时，视觉上仍然具有较强的连续性；当垂直界面高度超过人眼的高度时，视线被阻挡，失去连续性，形成封闭空间。由此可见，空间的封闭性就是比人视线高的垂直界面隔断了视觉的连续性而产生的。

空间的封闭程度还取决于围合的垂直界面的密实度和连续性。连续的实体墙完全分隔，形成封闭空间；连续的柱列和带有漏窗的隔墙使得空间相互渗透；双面空廊则使空间通透。

如图 5-10 所示，在封闭性很低的开敞空间中，人的视平线高于四周的景物，如滨水空间、开阔草地、山顶等，这类空间有旷达感，令人心旷神怡。在封闭性高的闭合空间中，人的视线被周围的景物遮挡，如林中空地、环谷山地、高墙围合的园中园等空间，这类空间给人以亲切感、安静感，近景的感染力强。

景观空间中，垂直界面的高度同所围合的底界面尺度需要有一个良好的比例，以使这个空间既不闭塞又不过于开敞。《市镇设计》一书中对建筑围合空间的尺度数据的建议可以作为景观空间的参考（见图 5-11）。当建筑物立面的高度等于人与建筑的距离时，有很好的封闭感；当建筑物立面的高度等于人与建筑距离的 1/2 时，是封闭的底限；当建筑物立面的高度小于人与建筑物距离的 1/3 时，封闭感就消失了。

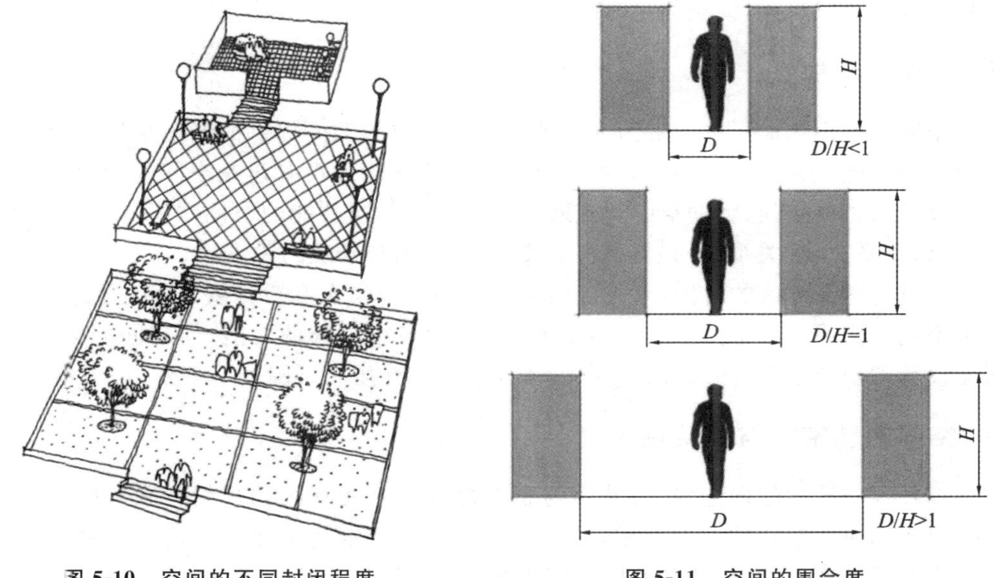

图 5-10　空间的不同封闭程度

图 5-11　空间的围合度

二、空间的尺度

人们在室外环境中体验到的是一系列相互联系的空间，不同尺度的空间可以提供不同的功能用途，也会影响人的情感和行为。大尺度空间给人以气势磅礴之感，感染力强，让人肃然起敬，常用于政治空间和纪念性空间，如凡尔赛宫和天安门广场。小尺度空间则营造舒适、宜人、亲切的空间氛围，在这种空间中交谈、漫步、休憩，使人感到舒坦、自在。空间尺度应适应空间的使用功能和氛围（见图 5-12）。

尺寸	尺度	
1 m×1 m	细部尺度	可体验的各种细节
10 m×10 m	空间尺度	各类绿地中的局部空间
100 m×100 m	场所尺度	易感知、可形成领域感
1 km×1 km	邻里尺度	居住区绿地、公园绿地
10 km×10 km	城市尺度	城市绿地系统规划
100 km×100 km	区域尺度	室外空间的区域差异性

图 5-12　景观空间的不同尺度

为使空间接近人的尺度，芦原义信在《外部空间设计》一书中提出外部模数理论，认为外部空间可采用行程为 20～25 m 的模数。在大空间中，每 20～25 m 对空间进行适当的限定，或是有重复的节奏感，或是材质有变化，或是地面高差有变化，可以有效地打破单调，使空间生动起来。

三、空间的功能性

空间的使用功能可以理解为为了满足人的各类活动而提供的专门场所，这些专门场所使功能成为可见的形式。尽管景观空间的功能远没有建筑空间复杂，但大体仍可以分为主要空间、辅助空间和交通联系空间。不同功能的空间之间具有主次关系、疏密关系、动静关系、公共与私密的关系、半封闭与开敞的关系等。

在进行功能分区的时候，首先应根据场地的实地情况和设计要求，对主要空间、辅助空间和交通联系空间进行合理的规划，明确各个空间的功能，使空间的分割能满足设计的功能要求，并从整体上把握景观空间的性质和氛围。

四、空间的私密性与公共性

在环境心理学的理论中，公共性与私密性是一个相互区别又相互联系的需求，它来自人们对于空间的心理需求，希望在整个的公共空间中拥有自己的私密空间。公共空间的私密性会为人们提供一定的安全感，保证个人的活动不受影响（见图5-13）。在一些广场、居住区、校园等地方的公共空间可以采用有形的物体，如大型的乔灌木、墙体或长廊等，通过视线的阻挡暗示空间的范围，形成一个相对私密的空间。同时也要注意私密空间的可视性。通往私密空间的道路要具有一定的明显特征，否则私密空间的利用率达不到理想的效果。

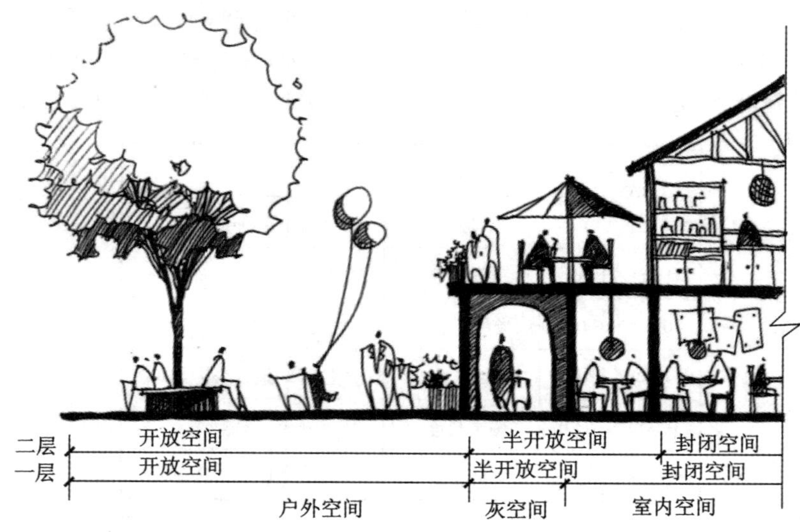

图 5-13　公共空间到私密空间的过渡

五、积极空间与消极空间

从空间对人心理造成的影响来看，可以将空间划分为积极空间和消极空间。在某些空间中，人能认识到清晰的界面和明确的空间形态，让人有领域感和安全感，从而让人愿意停留并能激发出更多的社会性交往，因而被称为积极空间，具有从外侧限定界面向内的收敛性。相反，消极空间通常无围合界面，空间由内向外增加扩散性，能激发人的运动意识，但也会阻碍人与人之间的交流。

第三节　空间的组织

对景观空间进行组织的目的是为了找到形式的美感，可以从单个空间本身和多个空间之间的组合两个方面来考虑。单个空间的设计应考虑上述空间的封闭性、围合度等属性，而多个空间的组织则以空间的层次、序列和轴向关系为主。多个空间的组织需要综合考虑空间的整体关系，合理安排游览路线，注意空间的起承转合，组织好游览过程中的视线，从而创造出富有特色的空间序列。

一、空间的对比

空间的对比是丰富空间之间的关系，形成空间变化的重要手段。将两个存在差异的空间布置在一起，由于大小、明暗、动静、纵深与广阔、简洁与丰富等特征的对比，从而使这些空间特征更加突出。中国传统园林常通过空间的对比来达到某种艺术效果，然后再在整体上进行协调。在空间的组织中，可采用大小对比、虚实对比、主从对比、形体对比、旷奥对比和人工与自然对比等手法。

（一）大小对比

中国传统园林艺术的创作过程每时每刻都在进行由小到大的转化，以有限的面积营造无限的空间。景观中的小空间一般位于大空间的边界地带，以敞口对着大空间，从而取得空间的连通和较大的进深。景观中的小空间有低矮的游廊、小的亭榭、院落等，小空间还能由树木、山石、墙体所限定。小空间能够衬托和突出主体大空间，满足人们在游览中的心理需要，使人们在游览过程中产生归属感。在景观环境中，游廊、庭轩的坐凳，树阴覆盖下的一块草地，靠近叠石、墙体的座椅都是人们乐于停留的地方。

私家园林因为占地小、规模有限，常常借助欲扬先抑的手法来突出园内的重点或主要景区。在进入主要空间之前先经过一连串的小空间，这样即使主要空间规模有限，也可以获得比较开阔的印象。南京瞻园的入口就运用了这种欲扬先抑的空间处理手法，在入口处有意设置曲折狭小的空间，与入园后的豁然开朗形成对比（见图5-14）。

由于皇家园林规模宏大，设计师常常利用“以小衬大”的空间处理手法进一步地

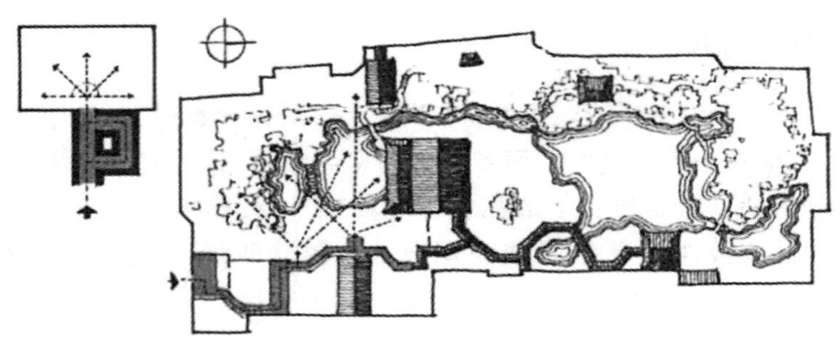
图 5-14　南京瞻园空间对比分析

丰富层次，在大的山水自然空间的周围划分出许多较小的空间，且常以小景观的形式表现出来。如颐和园，其主入口位于园林的东部，入园后首先是一连串的建筑庭院，方正又封闭，待穿过这些空间院落之后才会到达昆明湖畔，获得开阔的视野(见图 5-15)。

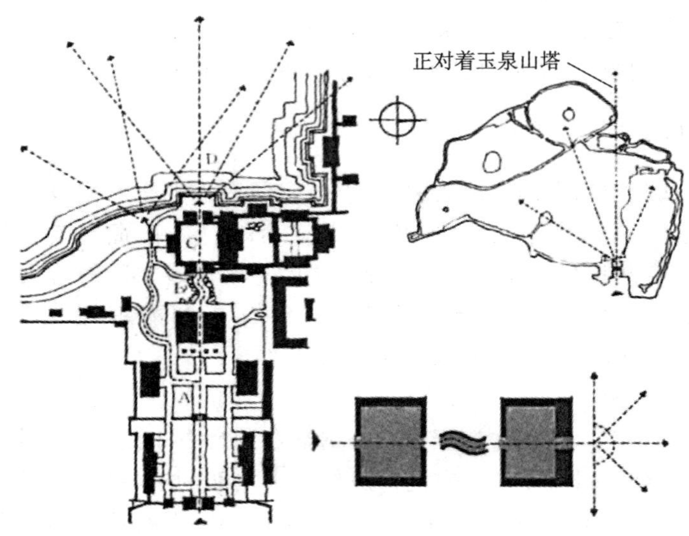

图 5-15　颐和园的空间对比

(二)虚实对比

在中国传统园林中，不论规模大小，都极力避免开门见山、一览无余，而是在空间处理上有“围”有“透”，围透结合，使得景物忽隐忽现。虚实处理所达到的情趣有三种：一是含蓄，就是景观空间不让人全部识读，空间之间适当遮挡以增加继续游览的好奇心；二是暧昧，即空间的围合不完全，一小半开敞的空间在心理上也被认为是被限定的空间；三是渗透，即利用水面的渗透、漏空的渗透(林木的渗透)使空间有不尽之意。

(三)主从对比

在一个综合性景观空间里，多景观要素、多景区空间、多造景形式的存在决定了必须采用有主有次、以次辅主的创作方法，达到既丰富多彩，又多样统一的完美效果。园林景观的主次总是相比较而存在，相协调而变化的。从景观整体结构看，大多由若干个空间组成，不论景观的规模大小，为了突出主题，诸多空间中必须有一个空间或面积显著大于其他空间、或位置突出、或景观内容特别丰富而成为独一无二的重点景区，其他空间则处于从属地位，仅起着烘托、陪衬的作用。苏州怡园为一中等规模私家园林，由若干空间、景区所组成，主要景区位于藕香榭北，以水池为中心，山石林立，花木葱茏，景色丰富。环列于主景区周围的小院落，借大小空间的强烈对比，十分有效地突出了主要景区（见图 5-16）。

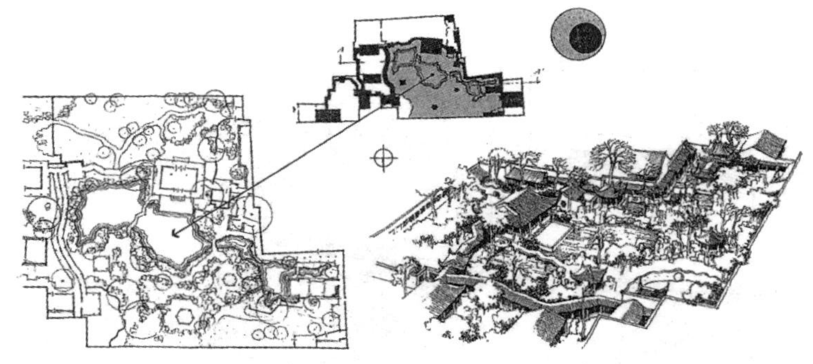

图 5-16　苏州怡园主从空间分析

（四）形体对比

在空间的形体上，以规整空间与自由布局的空间形成对比，也常能使空间处理富于变化，并使规整空间更严谨，使自由布局的空间更活泼。严整的空间与富有自然情趣的空间由于气氛的不同而有强烈的对比作用。北海的静心斋，入口部分为严整的矩形水院，气氛非常严肃，而位于其后的主要景区为横向展开的不规则的院落，院中既有曲折的水池，也有林立的山石，花草树木更是十分繁茂，富有自然情趣。前后两个院落气氛完全不同，空间对比鲜明（见图 5-17）。

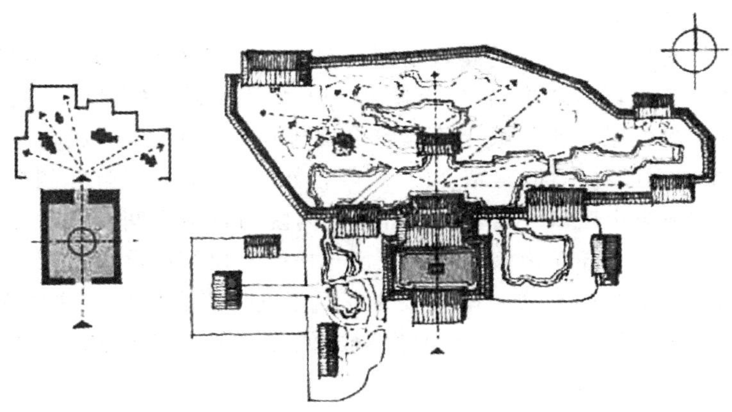

图 5-17　北海静心斋严整与自然空间的对比

(五)旷奥对比

旷奥对比就是空间的幽深与开阔的对比,即开与合的对比。合者,空间幽静深邃;开者,空间宽敞明朗。若从开敞空间骤然进入闭合空间,便有视线突然受阻、天地变小、压抑的感受。相反,从封闭空间转入开阔空间时会有豁然开朗、心情舒畅的感受。这是先抑后扬的反衬手法,在景观空间组织汇总中被广泛运用。中式庭院的住宅,通常进入大门后是一个影壁,绕行经过由影壁限定的小空间之后才逐步进入主要的庭院空间,从而产生对比效果。苏州网师园在住宅与庭院之间插入一条又小又封闭的过渡性小空间,通过它进入园内,便可借强烈对比作用使人顿觉开朗(见图5-18)。

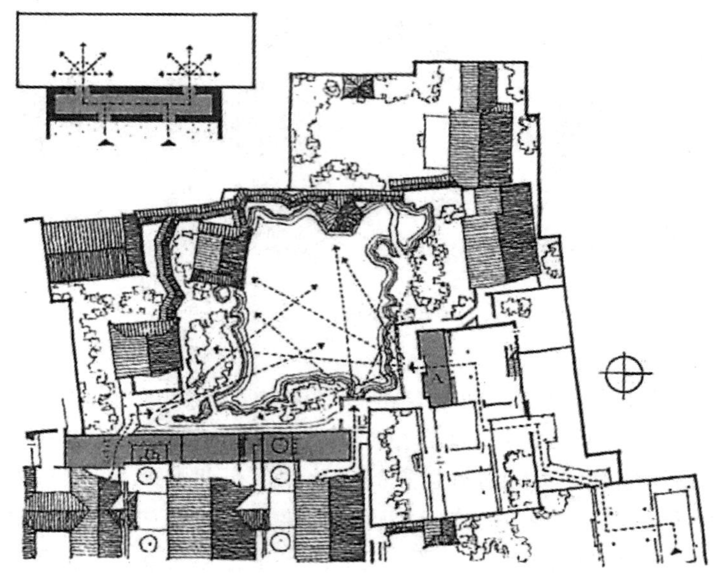

图 5-18　网师园空间分析

(六)人工与自然对比

人工与自然对比是指人工的建筑空间与自然空间的对比。如大型皇家园林常处于自然风景优美的环境之中,常以有限的人工空间与无限的自然空间形成对比,以谋求豁然开朗的效果。通常殿宇等建筑会安排在入口附近,形成较严整、封闭的空间,气氛严肃。而园林内部,常结合山、湖等自然环境,形成视野开阔的空间,气氛轻松自在。承德避暑山庄以一连串人工打造的内院与自然空间形成对比,取得了极好的效果(见图 5-19)。位于离宫东南的正宫与松鹤斋建筑群,由若干封闭的空间院落分布在两条相互平行的轴线上串联成为空间序列。当人们穿过这些人工围成的小院落到万壑松风建筑群,或登上云山胜地楼,便可一览离宫的远山近水,视野由收束变为开阔。

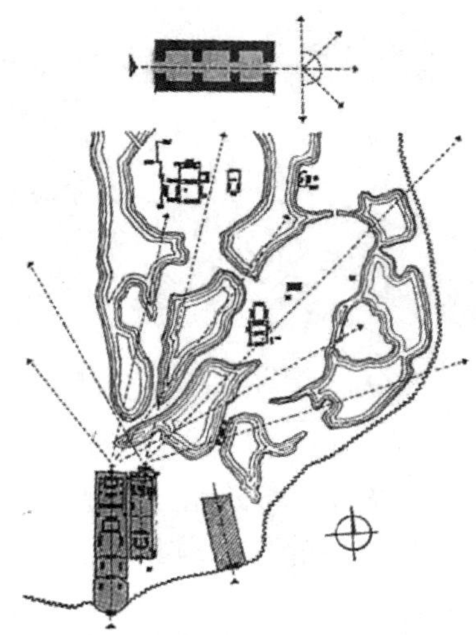

图 5-19　承德离宫中人工院落与自然空间的对比

二、空间的分隔与渗透

景观就空间层次可分为近景、中景、远景及全景。近景是视域范围较小的单独景物，中景是目视所及范围的景致，远景是由辽阔空间伸向远处的景致，全景是一定区域范围内的所有景色。合理地安排近景、中景、远景及全景，可以丰富景观空间的层次，使人获得深远的感受。为增加景深与空间层次，可采用空间分隔、借景等空间贯通与渗透的手段。

（一）障景

障景手法通常是在游览过程中突设高于视线的障碍物，令游人产生“山穷水尽”的感觉，同时又不得不顺着它的引导改变游览方向。但当游客绕过该障碍物时，会惊喜地发现园景正在逐步展开，从而又产生了“柳暗花明又一村”的感觉，对比之下主景观的魅力就被艺术地放大了。此类遮挡视线、引导空间转变方向的障碍物就是障景。障景的种类很多，可以是一棵体型高大的树或树丛、一堵景墙、一组雕塑、假山，需要注意的是，障景本身是游览过程中的对景，其自身的景观效果也很重要（见图 5-20）。

（二）隔景

为了让景观空间形成丰富多变的景象，且在有限的空间中产生小中见大的艺术效果，常采用隔景将整个用地划分为大小不等的众多空间。隔景的材料和形式是多种多样的，就其对于空间划分的强弱程度而言，可归纳为实隔、虚隔和虚实并用三类。实隔通常指两个空间被截然分开，正常视线不能相互渗透，常见的如高墙之隔、山石之隔、建筑之隔（见图 5-21）；虚隔是指两个空间虽有平面的划分，但视线上依然完全通透地分隔，如利用水体、道路等进行的空间分隔（见图 5-22）；虚实并用则是指

图 5-20　障景

将两部分空间划分成既隔又连，隔而不断的相互渗透的趣味空间，常用的有开漏窗的院墙、通廊、花架、疏林、铁栅栏等(见图 5-23)。

图 5-21　实隔

图 5-22　虚隔

图 5-23　虚实并用

(三)夹景、框景、漏景

夹景、框景与漏景都是通过处理前景来丰富空间层次和景观艺术效果的造景手法。夹景是指在轴线或透视线的两侧,运用树丛、院墙、建筑或地形等围合形成狭长的空间,屏蔽周围的景物干扰,从而将游人的视线集中到轴线尽端的主景上的处理手法(见图 5-24)。

框景是利用门框、窗框、树干树枝所形成的框或山洞的洞口等有选择地摄取另一个空间的景色,恰似一幅嵌于镜框中的图画。框景可以是自然的,如越过一条日本枫林大道所摄取的富士山的风景;也可以是人工的,如从法国凡尔赛宫的建筑窗口内看到的雄伟的海神喷泉。中国传统园林常用粉墙上的景窗、圆洞门等作为景框,而西方园林中常采用树冠作景框。框景的作用在于用简洁的前景作画框,对景观空间中的景色作裁剪,形成一幅立体的风景画面,将游人的视线集中到画面的主景上来,同时也提供了观赏主景的最佳位置,扩大了空间的景深,增添了诗情画意(见图 5-25)。设计时必须注意观察者的视角,使景物透过景框,恰好落入游人的视域范围内。

图 5-24　夹景

图 5-25　框景

漏景由框景发展而来。框景中的景色清晰,漏景则是景色若隐若现、比较含蓄。漏景常用漏窗、花墙、疏林、漏屏风等取景,也可通过树干、疏林取景(见图 5-26)。

(四)借景

借景是通过景观设计创造条件,有意识地将游人的视线导向景观空间之外,将外部景物引入其中,借以扩大景观空间感和层次感的手法。借景手法可以将园外景色纳入园内欣赏,扩大园内视景空间,也有助于增加景深。

借景的设计主要是处理观景点与园外景面的关系,主要途径有三种:

①提高视点的位置。视点越高,视野越广,所见的景物越多,远山近水尽收眼底。传统园林中叠假山、筑高台、在高处设亭榭都是为借景创造条件。远借高山宝塔、邻借花草流水都可以通过提高视点的方法来达成。

图 5-26　漏景

②借助门窗或墙上的漏窗。通过门窗或围墙上的漏窗可以把邻近的园景借过来。

③开辟透景线。造景中可通过园路的组织或景物的布局开辟透景线，把远处的景物借过来。比如苏州拙政园通过开辟东西方向的视景线，远借园外人民路的北寺塔(见图 5-27)。

图 5-27　苏州拙政园借景北寺塔

(五)对景

凡是与观景点相对的景物都被称为对景。对景有正对和侧对之分。正对是指视点通过轴线或透视线将视线引向景物的正面；侧对是指由观景点仅能观察到某一景物的侧面。正对观察主景易取得庄严、崇高的艺术效果，而侧对观察主景更易使主景显得活泼和生动。景观空间通常将主要景物布置在道路或轴线的交点或端点，或将景观空间中迂回曲折的道路、河流、水面、长廊的转折点以作对景，能起到步移景异的艺术效果。苏州拙政园西部的“与谁同坐轩”是独特的扇面造型，布置于曲水的转角之处，与“别有洞天”月洞门形成对景(见图 5-28、图 5-29)。

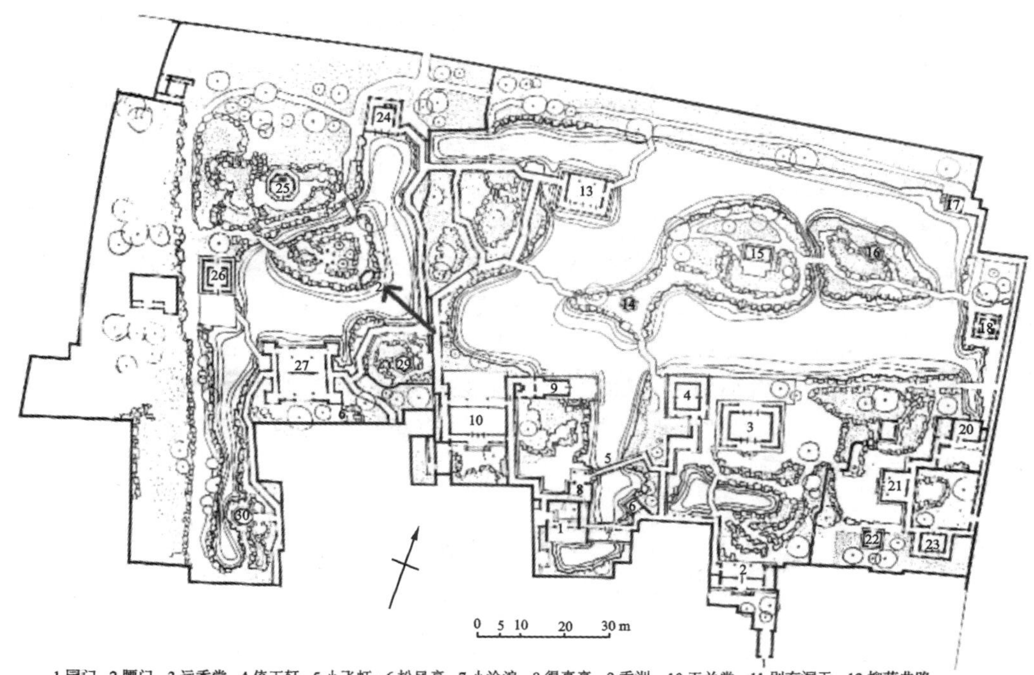

1.园门　2.腰门　3.远香堂　4.倚玉轩　5.小飞虹　6.松风亭　7.小沧浪　8.得真亭　9.香洲　10.玉兰堂　11.别有洞天　12.柳荫曲路　13.见山楼　14.荷风四面亭　15.雪香云蔚亭　16.北山亭　17.绿漪亭　18.梧竹幽居　19.绣绮亭　20.海棠春坞　21.玲珑馆　22.嘉宝亭　23.听雨轩　24.倒影楼　25.浮翠阁　26.留听阁　27.三十六鸳鸯馆　28.与谁同坐轩　29.宜两亭　30.塔影亭

图 5-28　拙政园中部及西部平面图

图 5-29　“与谁同坐轩”作为月洞门的对景

三、空间的组织

一个完整的景观空间是由若干相对独立的空间组合而形成的，不同的使用功能、交通流线功能对景观空间的组合形式有不同的要求。人在户外空间中的活动不是盲目的、偶然的，而是有目的、有组织、有秩序的。因此，活动发展的先后顺序以及由各类活动之间的相互连接所形成的流线，是景观空间的组织依据。

人对户外空间的认识，不是在静止状态下瞬间完成的，只有在运动中，在连续行进的过程中，从一个空间进入另一个空间，才能看到它的各个部分，形成完整的印象。因此，我们对空间的观看不仅涉及空间的变化因素，也涉及时间的变化因素。空间的序列问题，就是把空间的组织、排列，与时间的先后顺序有机地统一起来，通过空间的对比、渗透、引导，注意空间的起承转合，创造富有特色的空间序列。

(一)游览路线组织

游览路线是连接各个景观区和景点的纽带，具有交通的功能，但更主要的是展现景观序列和组织游览的媒介。游览路线的布置既要结合地形，又要考虑景物的视觉条件及其感受。一般而言，无景或景色平淡地段的游览路线宜短，有景地段的游览路线宜长，路线要顺其自然，曲直结合，并与景物的感受和变化相适应。

随着景观规模的由小到大，其游览路线也必然是由简单到复杂。小型绿地的游览路线以环形线为主，大型绿地的游览路线则由多条组合而成。概括而言，景观空间序列主要有以下三种(见图 5-30)。

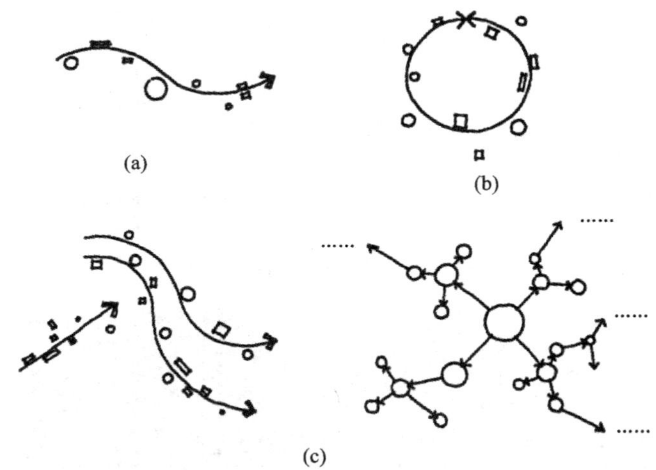

图 5-30　景观空间序列的类型

(a)贯穿式的空间序列；(d)闭合、环形的空间序列；(c)辐射式的空间序列

1. 闭合、环形的空间序列

闭合、环形的游览路线可分为开始段、引导段、高潮段、尾声段。传统园林规模小，通常有明确的环形游览路线和游览方向。但现代园林更强调景观的公共性，会有多个入口，游览路线以各自入口为起景，以主景区主景物为构图中心，以满足功能需求为主要目的，组织多条空间序列，各序列之间环状相通。

2. 贯穿(串联)式的空间序列

利用贯穿式的游览路线组织的空间序列常呈串联的形式，具有比较明确的轴线。如传统四合院，几进院落都沿着一条轴线串联为一体，院落之间可借大与小、开敞与封闭等方面的对比，获得抑扬顿挫的节奏感。现代园林中纪念式园林的空间序列也多采用贯穿式的游览路线来组织。

3.辐射(并联)式的空间序列

按辐射式游览路线组织的空间序列具有以下特征:以某个空间为中心,其他各空间环绕在它的四周,游人从入口经过适当的引导首先来到中心空间,然后再由这里分别到达其他各景区。中心空间是连接其余空间的枢纽,在整个空间序列中占有特殊地位,可以作为主景区。

(二)视线组织

利用方向诱导的方法组织空间序列是从视线组织的角度出发,利用人的运动知觉让景物在人们的心中形成运动,给人一种期待和探求的感觉,以诱导人们前进、停留、转向与到达目的地。为满足观赏者的行为心理和对动态景观的美感要求,可以在空间景物布置时设置悬念,诱导游览者进入下一个空间。利用景观视线组织的动态空间序列主要有以下三种。

1.开门见山、众景先收

开门见山的视线组织方式能给人以开阔明朗、气势宏伟之感,可以用对称或均衡的中轴线引导视线前进,中心内容、主要景点始终呈现在前进的方向上。如法国的凡尔赛宫、意大利的台地园、南京中山陵园的景观空间都给人以开阔舒朗的感觉。

2.半隐半现、忽隐忽现

半隐半现、忽隐忽现指的是看向主景的视线不时被遮挡中断,又不时变得通透的视线组织方式。视线通透时,远处的景物能被看到,引起人向前游览的兴致,视线被中断时,远处的景物被隐藏起来,游人不得不将视线停留在周围的景物上,关注沿途景物的空间趣味。

3.深藏不露、出其不意

深藏不露、出其不意的景观视线组织能产生柳暗花明的意境。设计中将景点、景区深藏在山峦丛林之中。景观视线被从一个景物引到另一个景物,视线可从景点的正面或侧面迎上去,甚至从景点的后部较小的空间内导入,然后再回头游览,景观在游人的探索中展开,形成峰回路转、深谷藏幽的境界。

(三)空间的功能序列组合

根据用途和功能来确定空间的领域是另一种空间的序列组合方式。这种序列组合方式是根据功能要求,将不同属性的空间以某种渐次变化的秩序组织在一起。如公共空间——半公共空间——私密空间;嘈杂的、娱乐的空间——中间性的过渡空间——宁静的、艺术的空间。这种组织空间序列的方法强调空间的轴线关系,把功能的变化与空间序列相结合,造成起伏或渐次的变化。在同一类功能空间中也可以按照时间的先后顺序展开。比如哈普林设计的罗斯福纪念公园,通过先后顺序展开的四个主要空间及其过渡空间来叙述美国总统罗斯福长达 12 年的任期(见图5-31),蜿蜒曲折的花岗石石墙、瀑布、雕塑、石刻记录了罗斯福最具影响力的思想语录(见图 5-32、图 5-33),并且用众多的事件从侧面反映了那个时代的社会和精神,以纪念罗斯福总统。

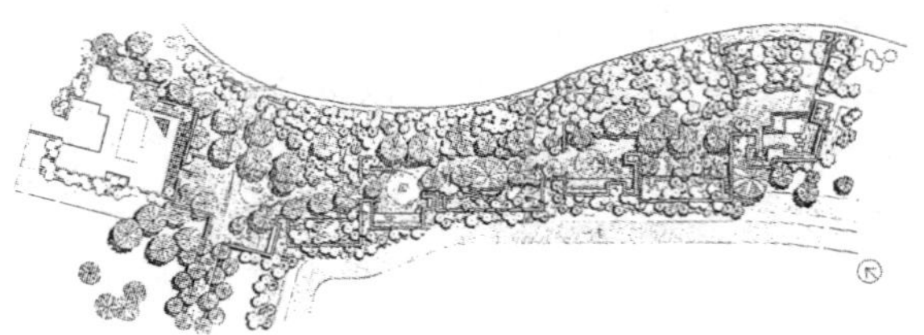

图 5-31　罗斯福纪念公园平面图

图 5-32　罗斯福纪念公园鸟瞰图

图 5-33　罗斯福纪念公园实景

第四节　景观意象设计

景观意象设计的目的是在游人与景观环境之间建立起适宜的关联，通过景观空间的塑造，给游人留下深刻的印象，从而感动游人，实现放松心情、感情共鸣的景观价值。意象设计的手法是将符号学原理用于景观设计中，融合了形式和内容的表现手法。景观意象是景观环境中所固有的一种形式与结构的组织关系，是建立在人们对景观空间内容的先入为主的想象和揣测的基础之上的。在城市之中，景观意象设计往往能够强调这个城市的文化、风俗等人文特色。

意象，是城市物质空间形态的构成在人们心目中形成的公众印象，是公众的一种文化认同，其本质是一种主观上的感受。意象作为对主体的变化与表达，其主要类型包括如下。

仿象：注重外形仿真，是形式上的模仿。

喻象：是比喻性的，往往要用具体的物象来比喻某种观念和某种情感，特点是带有明显的人工痕迹。

抽象：是艺术意象的一种类型，指创作主体经过自己的头脑加工，将客体提炼、升华，舍弃具象而代用一些纯粹的形式符号来唤起读者审美情感的一种意象。

景观意象的设计手法大致可以根据形式、结构、环境分为三种设计方法，分别为结构设计、意义设计、文脉和场所设计。

一、结构设计

意象设计方法中的结构设计是指偏重景观构架的设计方法，在设计中更多强调的是构成语言的应用方式。结构设计的手法大体可以分为组合拼贴、原型表现、功能重组等几类。

（一）组合拼贴

组合拼贴设计手法是将所引用的对象通过组合、拼接等方法来形成景观的设计手法。景观的拼贴设计手法来源于波普艺术，受到了波普艺术的深刻影响。根据拼贴的对象，拼贴设计手法有一般拼贴和多元拼贴等方法。一般拼贴设计手法只有一种拼贴的对象，拼贴的对象包括历史的、地方的、大众文化的符号等。多元拼贴设计手法拼贴的对象包括不同类型、不同时期的景观符号，从而获得一种混杂、游戏的风格。美国新奥尔良意大利广场是后现代主义建筑的名作（见图 5-34）。圆形场地一侧为祭台，有数条弧形的单片“柱廊”，前后错落，高低不等。这些“柱廊”上的柱子分别采用不同的罗马柱式，祭台带有拱券（见图 5-35），下部台阶呈不规则形，前面有一片浅水池，池中是石块组成的意大利地图模型，长约 24 m。广场有两条通道与大街连接，一个进口处有拱门，另一处为凉亭，都与古代罗马建筑相似。广场上的这些建筑形象由各种历史式样的建筑片段拼贴而成，明确无误地表明它是意大利建筑文化的延续，具有强烈的象征性、斜事性、浪漫性。

（二）原型表现

原型是符号化表现的深层结构，符号化表现与原始符号具有异质同构性，它继承了原始符号的表意结构和心理能量，是对人类普遍精神的反映。符号化是指将某种文化原型的特色进行抽象概括或整理，从中提取具有代表性的符号体系。符号化的设计方法可以很方便地处理现代设计与传统文化之间的关系，符号化的过程也就

图 5-34　美国新奥尔良意大利广场鸟瞰图

图 5-35　美国新奥尔良意大利广场的“柱廊”

是对原始形态进行意象化处理。文化原型是一种先天的心理倾向，它不断地以新的形式重复古老的意象和行为模式。

在原型表现的设计过程中，最关键的是对文化原型的理解和把握。文化原型本身不可描绘，而对原型的象征表达则可以在符号化的设计中创造出来。在符号化的景观设计中，文化原型本身就具有强烈的符号特征，也可以作为设计师在创作中提取的符号。景观设计中的隐喻、抽象、母体重复等符号手法，都是对原型的提取。

方塔园位于上海市松江城区，是一个以方塔为主体的文物公园，同时兼顾休闲、游憩的功能（见图 5-36）。设计基于宋代文化精神的提炼，运用洗练的白墙、古朴的铺地和空白的艺术等元素来构建塔院、塔前广场和入口等空间，诠释了宋代的文化精神和禅意意境（见图 5-37、图 5-38）。

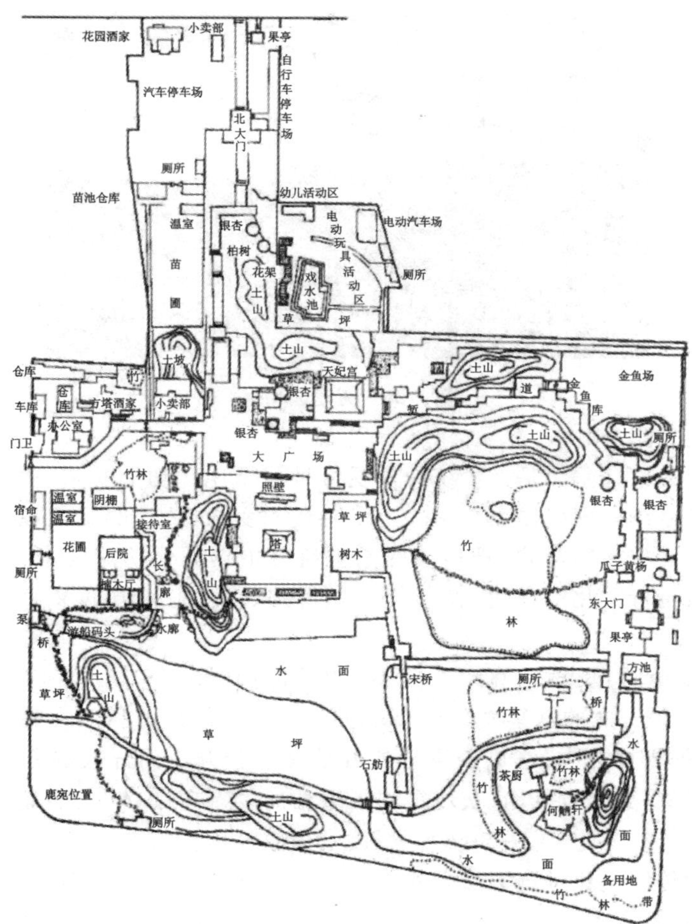

图 5-36　松江方塔园平面示意图

图 5-37　远观方塔园

图 5-38 方塔园内景

(三)功能重组

功能重组的设计手法是把传统的景观符号根据现代功能要求进行布局,从而把传统的景观符号纳入现代体系当中。由于时代的变迁,传统的景观在某些方面已满足不了现代人们生活的需要,把传统的景观符号根据现代功能要求进行布局,一方面体现人们对传统文化的尊重,使传统文化得到延续,另一方面又使传统文化得到新生。

如图 5-39 所示,奥林匹克中心区下沉花园南北长 735 m,宽 42～128 m,占地 4.5 ha,被定义为开放的紫禁城(unforbidden city)。紫禁城和四合院是北京城的代表,在以往的等级社会中,它们被高耸的红墙截然分开。而开放的紫禁城既保留了北京原有的意象,又通过红墙、灰墙重构了全新的动态空间,使人能在这个新的场所中体验中国的传统文化(见图 5-40)。开放的紫禁城中设有 7 个院落,它们从不同的角度对中国的传统文化进行了深入的诠释,像是为奥运盛会排演的一出大戏。

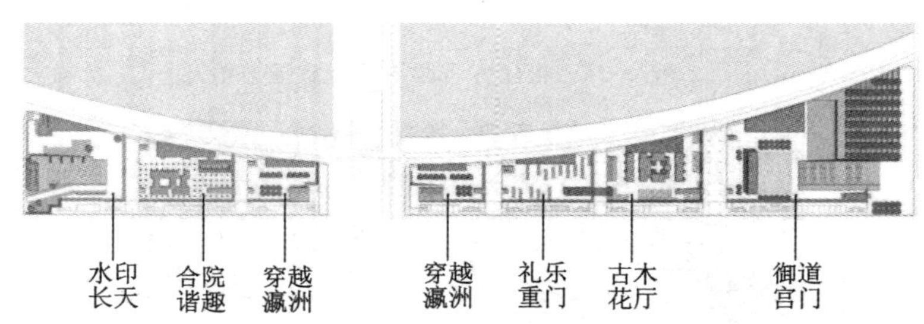

图 5-39 奥林匹克中心区下沉花园总平面

一号院——御道宫门表现了城市开门的宏大场景(见图 5-41)

二号院——古木花厅拉近了与人的距离,让人体验地方民居文化

三号院——礼乐重门使人从礼乐活动中感受中国古老的文明(见图 5-42)

四、五号院——穿越瀛洲在穿越隧道的前后过程中体会绿色瀛洲

六号院——合院谐趣展现了四合院作为公共活动空间的热闹场景

七号院——水印长天刻画了皇家园林中的传统运动场面

图 5-40　奥林匹克中心区下沉花园夜景

图 5-41　奥林匹克中心区下沉花园景观——御道宫门

图 5-42　奥林匹克中心区下沉花园——礼乐重门

二、意义设计

意义设计是文化意义的表现形式层面的设计手法，强调的是在景观设计中意义的表达，可以将某些历史、地域文化和表意的符号片段，运用一定的设计手法进行符号化设计，使得新的符号与它们所参照的对象具有一定的相似性。如 798 艺术区内一些反映特定时间文化的雕塑，就是把当时的一些生活用品当作符号，通过这些符号来表达对那个时代的回忆和纪念(见图 5-43)。

图 5-43　798 艺术区内的雕塑

(一) 引用

引用的设计手法就是从历史的、地方的建筑、园林等吸取一定的局部、片段或形式，并进行一定的加工和处理，形成新的、仍具有原型特征的符号。引用的设计手法并不是对传统历史的复古和恢复，而是按当代的审美需求重新看待传统历史文化。采用引用的设计手法所设计的景观，一方面满足了当代人们的审美需要，增强了景观的对话和交流能力，另一方面又使得传统历史文化得到继承和发展。

(二) 夸张

夸张的设计手法就是故意把事物的特性加以夸大、缩小，来增强表达效果，令人印象深刻。夸张的设计手法依照表现形式，可以分为夸大、缩小两种。

夸张的设计手法是后现代主义符号学景观常用的设计手法之一，在引用历史的、地方的建筑，园林的局部、片段或形式时，常进行适当地夸张，从而形成一种讥讽、幽默或玩世不恭的效果。

(三) 替换和重构

替换的设计手法是指在保证原来符号信息基本不变的情况下，用新的形式、材料或色彩代替原来符号的部分或全部内容。重构的设计手法是对引用对象的局部进行转换并重新组合成新的秩序。运用重构的设计手法不是为了形成新的符号，而是仍保持引用对象的意义不变。

（四）抽象

抽象的设计手法是指对引用的片段或局部对象进行简化、提炼与加工，从而去掉多余和不必要部分，使得引用对象更具有典型性。通过抽象的设计手法形成的景观符号虽然在形式上趋于简洁，但具有完形的特征，更容易为人们所理解。景观设计的抽象和现代主义的抽象是有一定的区别的。现代主义景观是以点、线、面为抽象的基础，而景观设计是在引用的历史片段或局部对象的基础上进行抽象简化的，因而在形式上具有图像性的特征。

都江堰人民广场位于四川省都江堰市，该堰是我国现存的最古老而且依旧在灌溉田畴的世界级文化遗产。用现代景观设计语言体现古老、悠远且独具特色的水文化，围绕水的治理和利用而产生的石文化、建筑文化和种植文化是设计的主要特色（见图 5-44～图 5-46）。

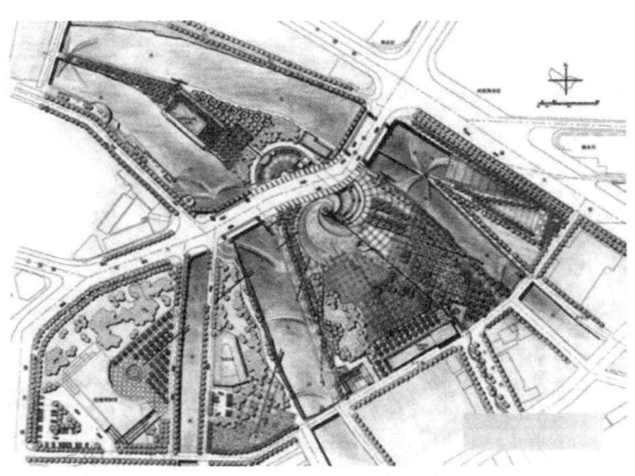

图 5-44　都江堰人民广场平面图

图 5-45　都江堰人民广场设计实景一

图 5-46　都江堰人民广场设计实景二

三、文脉和场所设计

文脉和场所设计主要是指对文脉和已有场所的延续，以及新建场所与周围环境的相互融合。文脉和场所设计其实是相辅相成的统一体，延续文脉要着眼于对于现有场所结构、环境的把握和改良，场所设计的前提是将文脉作为意象符号或手段，合理地将文脉运用于设计之中，使之成为合理完善的设计体系。

景观设计中文脉与场所设计的具体方法可以归纳为四个主要方面，分别为修缮、调和、对比和转化。在景观的意象设计方法中，这四个方法都属于景观的具体构成方法，是集艺术性与技术性为一体的设计方法。

（一）修缮

对于重要的历史景观，主要的工作是对其进行修缮，以历史文化和伦理道德作为宗旨，修旧如旧。在景观设计的过程中，要把握景观空间形式的完整性、构图的连续性以及风格的统一性，同时要注意对文物建筑的保护，在两者发生冲突的时候，应该以保护文物作为首要要求。

大多数情况下，对于普通历史景观应该采用修补的方法。在修补过程中尽量采用区别于被修补物体的材料、工艺和形式。补足和添加的部分应较为明显地区别于原有历史景观，保留历史信息的可识别性。

（二）调和

调和是从整体历史氛围的角度出发，根据原有的空间形态的特点，寻求新景观可能的形态，使景观获得文脉与场地形式相互融合、统一的视觉效果。其具体的设计手法包括尺度、材料、工艺和色彩等几个方面。将尺度关系设计得与传统尺度相类似，往往能够产生较强的亲和力，能给景观设计带来事倍功半的效果，从而可以更加完善地延续文脉场所带来的感染力。材料的实用性应该体现在因地制宜上，用常见的材料配合已有景观，目的是为了保持景观中原有的文化气氛，使新的景观设计形式不至于太过突兀。在含有文脉特点的景观设计中，应追求工艺的传统性，使现代工艺模仿仿制传统形式，或者尽量不引人注意，从而达到调和的目的。对于文脉景观，其色彩关系也是地域文化的重要特征，在景观调和的统一性中占有重要的位置。

（三）对比

在新景观总体量和总面积明显小于旧景观，分布比较分散而且旧景观的历史相对悠久的情况下，选择对比的设计手法比较容易达到理想的效果。对比的设计手法具体的依然要关注尺度、材料、工艺和色彩四个方面。

尺度方面可以采用比老建筑更为细腻的尺度划分方式，将传统尺度关系和现代尺度关系形成相映成趣的对比特色，给人带来新鲜感。材料可以采用轻盈、光洁的新材料，刻意与传统材料进行区别，形成历史与现代的遥相呼应，刻意追求历史的距离，加强原有景观材料的沧桑久远的质感。工艺采用精湛的现代工艺，同样也是为了追求制造历史的距离感。传统工艺的繁琐细腻让人目不暇接、叹为观止，现代工艺扬长避短，采用简练的手法进行衬托作用，两者适当区分，凸显久远的历史文化感。可以考虑使用同一纯度的对比色，在整体色彩关系较为统一的大环境下，通过对比色进行小范围的点缀，起到耳目一新的效果。

当然，不管用什么样的方式，不能削弱文物建筑在景观中的地位，因为对比是利用突出中心的均衡互补的手法，可以达到主次分明、变化丰富、动感强烈的设计效果，同时也起到了多样统一的目的，否则延续文脉的意象设计就失去了意义。

（四）转化

并不是所有的文脉场所都具有明显的空间构成规律，对于这些场所的景观设计，可从转化的角度对其空间形态进行直接利用。转化是直接利用原有景观形态，通过变换各种解决问题的方法，转化原有景观的存在方式，来达到尽可能保留原有的结构和形态的目的。这种手法适用于没有重点保护单位的非文物类的景观场所。具体说来，转化包括人文要素的利用和自然要素的转化两个方面。

人文要素是指代表一定历史时期建造特点的人工建造的景观，包括建筑物、构筑物和设施等所表示出来的文化现象。利用原有人文要素的特点，将其转化为新的有用的东西。转化建筑物周围的环境和主题，通过保留地段主体建筑物，改换周围的环境和地段的主题，使地段原有功能得到自然的转化。转化建筑物本身利用原有场所的特性，根据新的功能定位对地段原有建筑物、构筑物进行新的塑造。

自然要素是城市中的自然形态或自然元素经人工改造而成的具有生命力的景观要素，也包括如人工挖的水体、堆叠的土丘、种植的植被等。文脉场所景观的自然要素不同于一般城市中的自然要素，因为它们和历史意象联系在一起，和文脉场所一样都是历史的见证，可以视作是人文景观的补充。

彼得·拉茨设计的杜伊斯堡风景公园坐落于杜伊斯堡市北部，是德国鲁尔区最引人注目的公园之一。它成功地延续了场地的历史，巧妙地将旧有的工业区改建成公众休闲、娱乐的场所，并且尽可能地保留了原有的工业设施，同时又创造了独特的工业景观（见图 5-47）。

拉茨保留了工厂中所有的构筑物，部分构筑物被赋予了新的使用功能（见图 5-48）。利用高炉等工业设施可以安全地攀登、眺望（见图 5-49），废弃的高架铁路被

图 5-47 杜伊斯堡风景公园鸟瞰全景

改造为公园中的游步道(见图 5-50),并被处理为大地艺术的作品,工厂中的一些铁架成为了攀援植物的支架,高高的混凝土墙体成为了攀岩训练场。设计建立在一个理性的框架中,设计师将上述元素分成四个景观层:以水渠和储水池构成的水园、散步道系统、使用区和铁路公园结合高架步道。这些景观层自成系统,各自独立而连续地存在,只在某些特定点上用一些要素,如坡道、台阶、平台和花园将它们连接起来,以获得视觉、功能、象征上的联系。场地完整性的保留使得该地的历史文化得以传承,并产生时空上的延续。绚丽多彩的夜景照明设计使厚重的工业遗产具有现代、魔幻的气质(见图 5-51)。

图5-48 大型工业设备被保留下来成为场地的历史记忆

图 5-49 利用高炉等工业设施可以安全地攀登、眺望

图 5-50　由废弃的高架铁路改造而成的游步道

图 5-51　绚烂多彩的夜景照明

第六章　景观艺术设计的设计方法和成果表达

第一节　景观艺术设计的构思过程与方法

景观艺术设计是一个由浅入深、从粗到细、不断完善的过程，设计者应先进行基地调研，熟悉场地的视觉环境与文化环境，然后对与设计相关的内容进行概括和分析，最后拿出合理的方案。设计过程可归纳为以下几个阶段：场地分析、立意构思、功能图解，形式生成、方案调整和深化。

一、场地分析

一项景观艺术设计工作的介入，作为设计师，首先应该明确的是"在哪里做""为谁做""做什么"，也就是了解项目的基本情况，掌握准确、完整的基础资料，才能做出准确的定位，找到最佳的设计切入点。

（一）地块现状及周边环境分析

景观场所的选址最好是在风景秀丽、有山有水的地方，只要对基地稍事"剪裁"就能取得很好的景观效果，而且周围的美景也可以丰富景观层次。但是在城市中，很多时候我们遇到的项目基地是已经确定了的。实地勘察是必不可少的环节，通过深入现场调查，了解地块现状的地形地貌特征，基地中有无山脉水系穿越，有无可以利用或需要保护的名木古迹，基地的人文背景如何，是否在此发生过意义重大的历史事件等信息。在对基地做全面细致的勘察和调查之外，还应该对周边环境的人文氛围和景观资源做深入的调查分析，在设计中有意识地屏蔽不良环境（如噪声、污染及不良景观等）的影响，采用开辟视景线等各种手段将周边美好的景物引入基地的画面之中，以增强景观的空间层次感。在设计中只有尽量利用基地原有的资源和特征，才能确保新建的景观以最为自然的姿态融入周边的环境之中。

在美国旧金山金门大桥国家公园的国际竞赛中，由于场地的特殊区位（周边有多处重要的对景点），OLIN、WEST8 和 James Corner 等多家设计公司都以视景视线分析为设计的出发点（见图 6-1～图 6-3）。

（二）使用者及使用方式的分析

大千世界，芸芸众生，不同的种族、不同的人群有着不同的文化背景、审美情趣、精神境界和生活方式，同样的人群在参与不同的活动时，又因为不同的状态、动静所

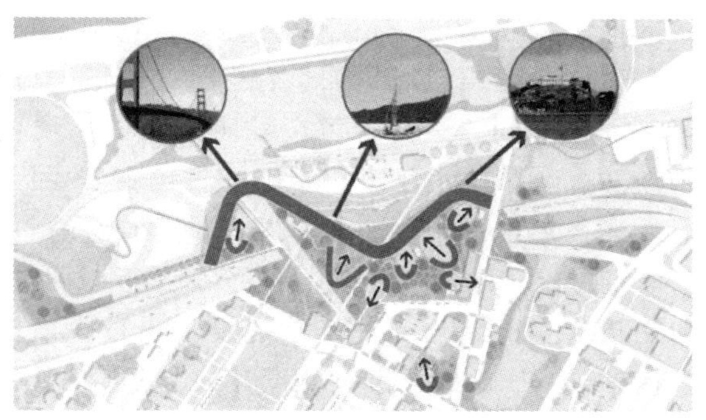

图 6-1　美国旧金山金门大桥国家公园的国际竞赛 OLIN 事务所方案中的视线分析图

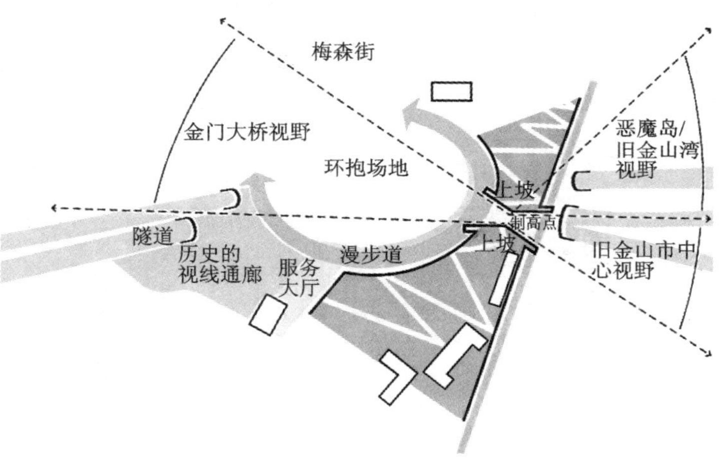

图 6-2　美国旧金山金门大桥国家公园的国际竞赛 WEST8 事务所方案中的视线分析图

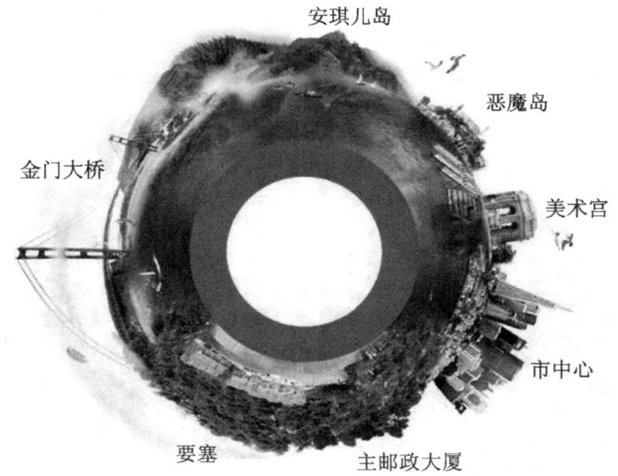

图 6-3　美国旧金山金门大桥国家公园的国际竞赛 James Corner 事务所方案中的鱼眼相机视线分析图

需要的空间、氛围的不同而对景观场所产生不同的要求(见图 6-4)。如同样是聚会，青年人和老年人对聚会环境的要求就不同，同样是针对青年人，用于聚会的环境和为恋人们提供的空间氛围也不同。只有了解了景观场所的主要使用者及其使用方式，才能确保设计有的放矢，确保功能合理性原则的贯彻落实。因此，在设计的前期调研中需要有意识地观察在场地周边活动的人群，分析他们的年龄和活动特点，也可以进行一对一的采访，通过访问具体的使用者，了解其行为习惯和心理需求，总结出场地的必要功能和期望的空间特质。这样才能设计出被人所需要的空间。在设计过程中，如果能邀请空间的使用者一起参与设计方案的讨论，往往会有更大的收获。西雅图庆喜公园的细化设计过程历时 3 个月，先后举行了 3 轮社区听证会(见图 6-5)，听取各方的意见，才最终落实了“城市戏台”设计方案。

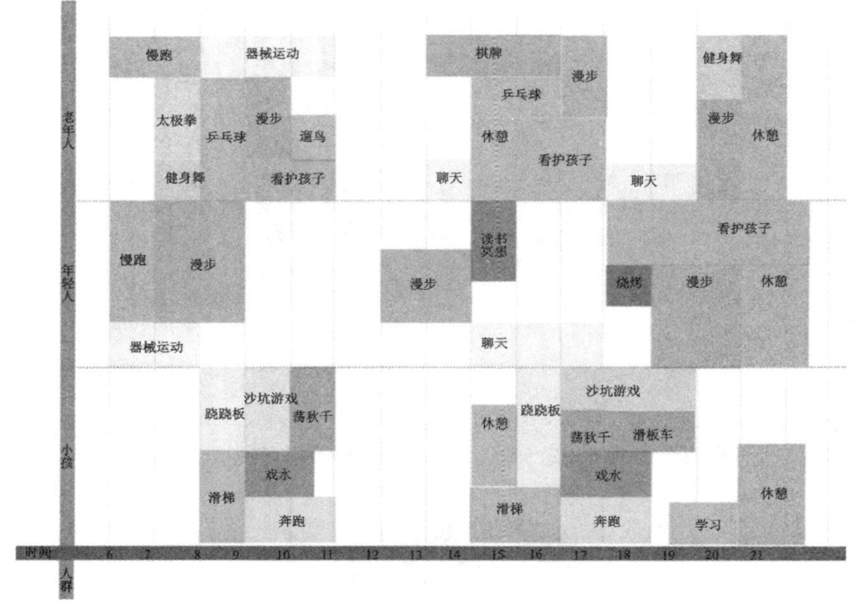

图 6-4 不同人群的活动行为分析

图 6-5 庆喜公园社区听证会现场

(图片来源:http://www.landscape.cn/news/41346.html)

二、立意构思

当明确了“在哪里做”“为谁做”“做什么”之后，人们应该对项目有个基本的预想，即对最终效果的设定，从而决定具体怎么做。随着对地块现状及周边环境的深入了解和分析，以及对使用对象及其使用功能、使用方式的确认，基地的用地性质便自然得到确定，比如纪念性广场、城市休闲绿地、儿童公园、文化广场、度假村、亲水公园、校园景观等。用地性质一旦确定，设计师应该根据该性质所要求的环境氛围的基调，结合使用人群的文化层次及文化背景所对应的精神层面的需求，充分发掘基地中一切可以利用的自然和人文特征，融合提炼，赋予该景观场所一个充满意境的主题。随之围绕该主题来确定布局形式，继而展开后续的设计工作，此即所谓的“设计之始，立意在先”。立意是谋篇布局的灵魂，是一个优秀的景观场所特色鲜明、意境深远、主次有序的保障。一个缺乏主题立意的设计，往往会好似没有统率的散兵游勇，即便百般使用技巧，也往往会显得形散神乏、索然寡味、流于直白。

三、功能图解

功能图解是一种随手勾画的草图，它用气泡和图解符号形象地表示出设计中要求的各元素之间及其与基地现状之间的关系。功能图解的目的就是要以功能为基础作一个粗线条的、概念性的布局设计。在这个阶段考虑的是人们如何使用空间，不考虑具体外形和审美方面的因素，因为这些都是以后才考虑的问题。这个过程应该是徒手画气泡图的过程，不需要尺规作图，也不需要画出具体的形式，所以功能图解也有个通俗的名字——泡泡图(见图 6-6)。

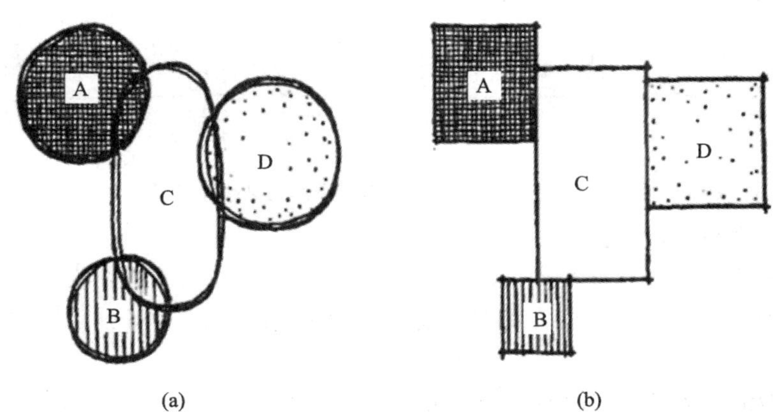

图 6-6　功能图解泡泡图

(a)正确；(b)错误

(一)按比例勾画空间和要素

在勾画功能图解之前，设计师应该清楚设计中各空间和元素的大概尺寸，这一步很重要，因为只有用特定的比例绘出空间时，人们才能够对空间的实际大小一目了然。同一个空间，在不同比例的图纸上面积差别是非常大的，设计师需要养成按比例制图的习惯(见图 6-7)。比如要设计一个能容纳 50 辆车的停车场，就需要迅速估算出它所占的面积，一个停车位是 3 m×6 m，在这个停车场的一侧安排 25 个车位就是 75 m 长，两排停车位之间留一条 7 m 宽的路，这个空间的宽度就是 19 m。确定了实际的尺寸之后，如图 6-7 所示，就可以按照比例尺换算出它在图上的大小，然后用易于识别的圈圈来表示不同的空间。需要注意的是，在比例尺不同的情况下，实际面积相同的场地在图纸上的圈圈大小有所不同(见图 6-8)。

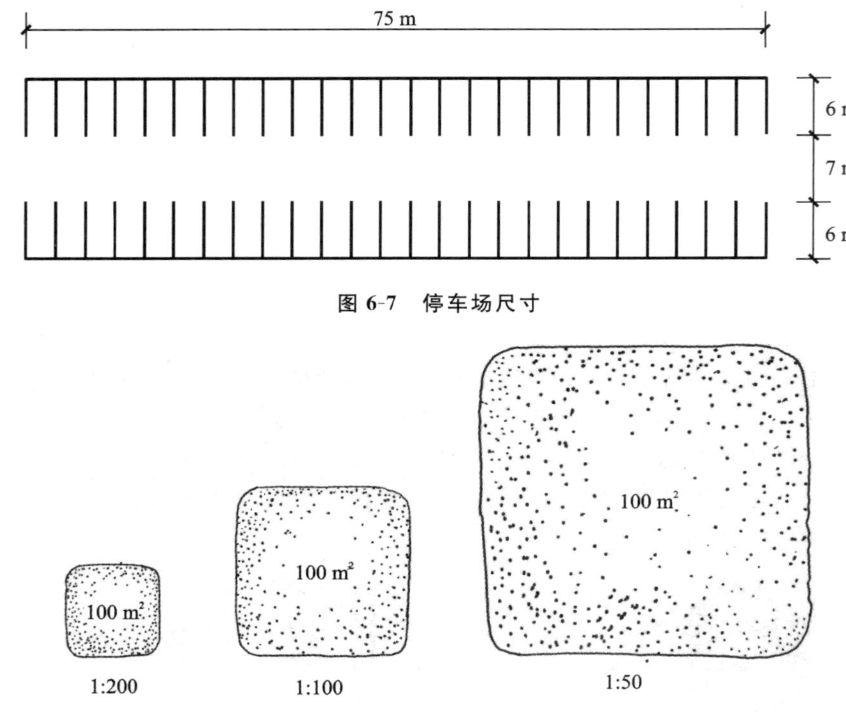

图 6-7　停车场尺寸

图 6-8　场地在不同的比例尺中的图纸大小不同

(二)确定出入口

景观场所的出入口是其道路系统的终点和起点。出入口的设置应该在符合城市规划和交通管理部门的有关规定的前提下，结合用地性质、开放程度和用地规模而定。

封闭型的景观场所，如公园、休疗场所等，可以设置若干个出入口，具体的数量视公园面积大小及周边地区人流进入的便利性而定，但其主入口应设在主要人流进入的方位，且设置面积适宜的广场，以供集中人流的缓冲和集散之用，并应在其附近开辟配套的停车场。封闭型公园，其行政管理区域还宜设置直通外部的后勤专用出入口，以便对外联系和交流。

城市开放型景观场所，应多设出入口，以便更多游人的进入和参与。虽然在形式上会有主次出入口之分，但在各个出入口都应考虑一定容纳能力的停车场。

（三）功能分区

在确定了各空间和要素拟定的大小之后，才可以真正开始画功能图解。在基地中确定各个空间和元素的位置，应该以功能关系、可以获得的空间和现有的基地条件三点为依据。功能联系较强的空间应该紧挨着设置，相互有影响的功能需要分开布置。需要注意的是，如图 6-9 所示，空间和要素的位置不是唯一的，应多尝试几种空间之间的组合关系。

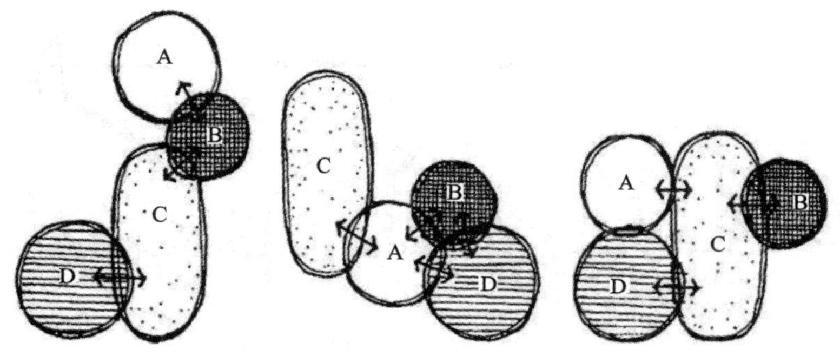

图 6-9　功能图解泡泡图

景观场所因为各不相同的用地性质会产生不同的功能需求。景观场所通常包含动区、静区、动静结合区。所谓动区，是指开放性的、较为外向的区域，适合开展众多人群共同参与的集会，运动或是带有表演、展示性质的各种活动；所谓静区，是指带有私密性的，较为内向的区域，适合休憩、静思、恋人漫步、垂钓等少量人流或个体行为的发生；所谓动静结合区，是指动静活动并列兼容于同一区域，或同一区域在不同的时间段产生时而喧闹、时而宁静的空间氛围，比如在大片的草坪空间中，当在阳光灿烂的春天里，一群人在这里聚餐、游戏、踏青的时候，就是热闹的，当人群散去之后，则呈现出格外宁静的氛围。在一些用地面积较大的景观场所中，常常还有后勤管理区域和入口区域等功能区域，在景观设计过程中，应将具体的功能对应这三类区域进行归纳整理，使动静区域相对独立，让过渡自然衔接上。

（四）流线组织

流线关注的是沿着基本运动线路的各个空间的出入点。入口和出口的位置可以在图解中用简单的箭头标出。除了出入口，还需要探讨并确定穿过空间的最主要的运动线路，规划出一条连续的流线。可以用简单的虚线和指向运动方向的箭头来表示。需要注意的是这一步只针对主要的运动线路，而不是对每一条可能的路径都加以考虑。在考虑流线的过程中，我们应该研究流线的不同可能性，是从中央穿过还是从边缘绕过，是在空间中拐角还是蜿蜒地穿过整个空间（见图 6-10）。我们需要思考并确定哪一种方式与空间的功能最吻合。

人在景观场所中的活动，包含了从开始到结束的全过程，景观设计中的流线组织也就是游览路线的组织。游览线路连接着各个景区和景点，使预先设计好的起景、高潮、结景的序列变化一幕幕地展现在游人面前。动线组织或迂回或便捷，取决于景序的展开方式，或欲扬先抑，或开门见山。流线组织通常采用串联或并联的方式。一般规模较小的基地中，为避免游人走回头路，建议采用环状的动线组织，也可以采用环上加环与若干捷径相结合的组织方式，捷径的设计必须较为隐秘，以不干扰主导游览线路为前提。若是较大规模的风景区的规划设计，可提供几条游览线路供游人选择。在大多数景观设计中，都有两个以上的出入口。每个出入口都有可能成为游览的起点，所以，在流线的组织过程中，一定要充分考虑这一因素。

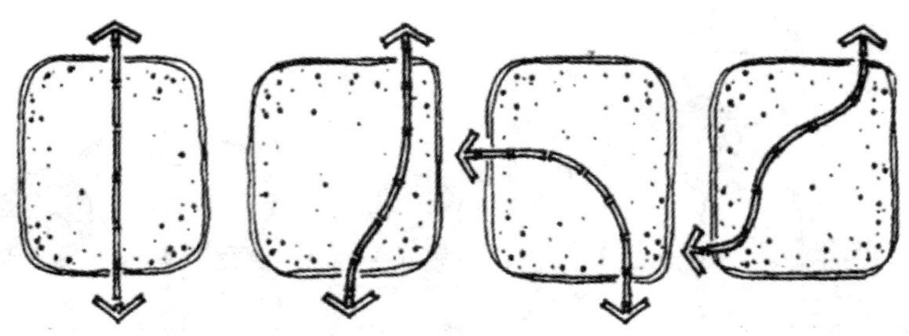

图 6-10　流线分析

（五）关注空间的边界

此外，功能图解还应该关注空间的边界。一个空间的外部边界有几种不同的方式，可以是以地面的不同材质进行限定，也可以是以立面上的坡度或高差，种植的植物、墙、栅栏或者是建筑等垂直要素进行限定。我们可以用“之”字形或关节形状的线来表示这些垂直要素，也可以简单地用实线或虚线来区分边界以确认是实体还是通透（见图 6-11）。

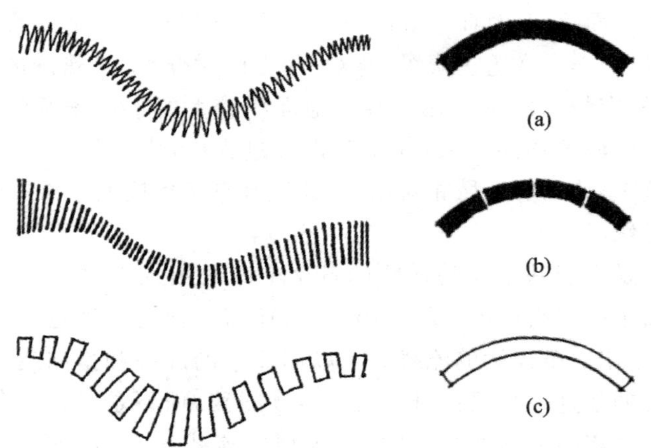

图 6-11　分析空间的边界

（a）实体；（b）半透明；（c）透明

（六）视线组织

视线是功能图解中应该研究的另一个因素。人在空间中从一个区域或一个特定的点能看到什么或看不到什么，对于整个设计的组织和体验是非常重要的。设计师应着力开辟良好的视景通道，在游客驻足处为其提供宜人的观赏视角和观赏视域，从而使之获得最佳的风景画面和高境界的艺术感受。

在功能图解的分析过程中，需要重点关注的是对主要空间来说最有意义的视线，如全景视线。这种视线的视野非常开阔，可以看到很远的景物，如果能够把视线向外延伸到场地以外的景观，就是传统园林中的借景手法。又或者是在设计中有不希望人们的视线透过的地方，也可以用屏蔽视线来表示，这就提示我们在下一个阶段设计的时候，注意增加垂直要素进行视线的遮挡(见图 6-12)。

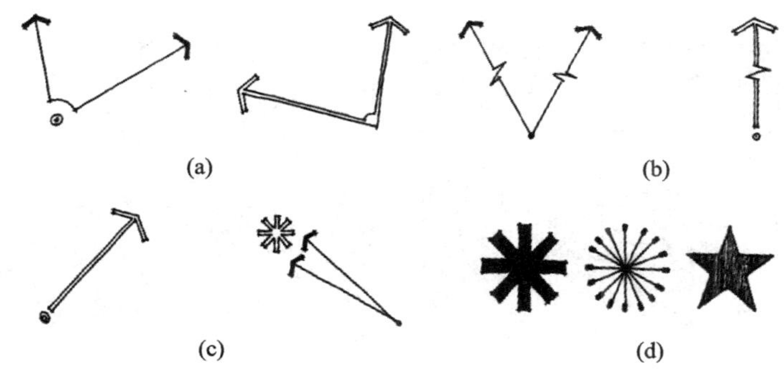

图 6-12　视线分析的图解符号

(a)全景视线；(b)屏蔽视线；(c)焦点视线；(d)聚集点

(七)考虑场地的竖向变化

竖向变化在功能图解的发展过程中也应该着重研究。因为在这个阶段，设计方案主要以平面图呈现，如微地形的草坡应该以什么样的坡度抬升，下沉广场需要设几步台阶，是否需要纵览全景的高点。如图 6-13 所示，空间之间的高度变化，可以利用标高来表示，也可以用线表示出沿流线方向的踏步位置。

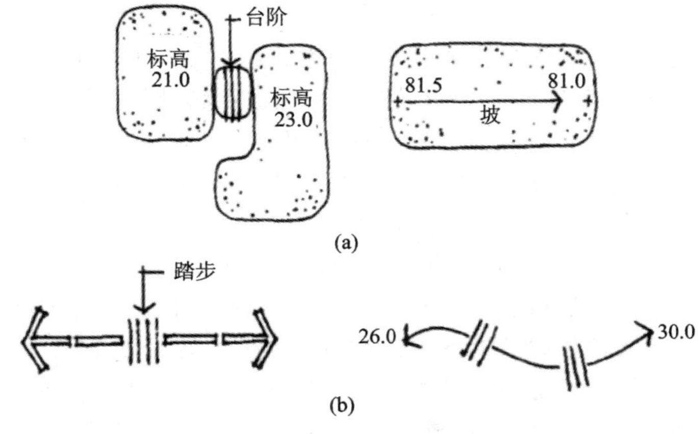

图 6-13　竖向高差的图解表达方法

(a)用标高表达高差；(b)用踏步表达高差

在进行功能图解时，要考虑各种不同的设计因素。这些因素相互影响，所以应该综合起来考虑。在这个阶段，使用抽象又易画的符号是集中精力思考重要的功能问题的保障，比如优化不同空间之间的功能关系，解决特定空间的选址定位问题，发展有效的游览路线。在功能图解的设计阶段，对设计的组织考虑得越周全，后续的阶段进展得就越顺利，不然就会出现设计无法深入的状况。

如图 6-14 所示，当功能图解完成的时候，整个基地都应该布满泡泡和其他的图形符号。在整个布局中不应该出现空白区域，如果出现空白区域则说明该区域的功能待定，应该继续思考并确定它的用途。

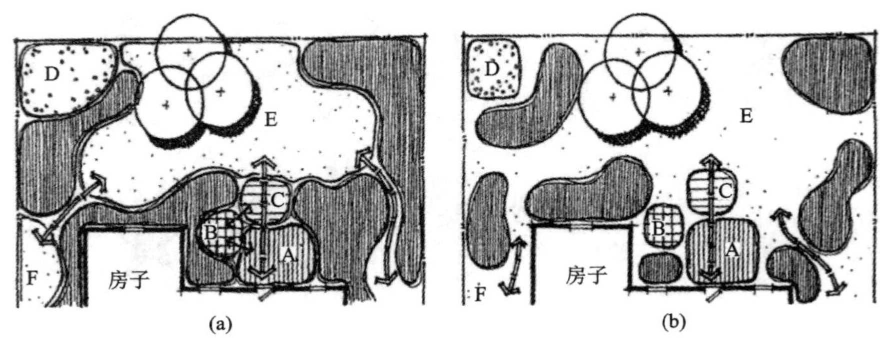

图 6-14　正确的功能图解应是完全布满的

(a)正确；(b)错误

在同样的场地条件下，可以先画出几个不同的功能图解，这些功能图解可能都满足设计的要求，然后仔细地比较这几个方案，分析其利弊，理性地选出一个较好的功能图解方案。这个方案必须是正确的、最优的，因为它是后续阶段的基础，一旦确定之后基本不再修改变动。

四、形式生成

形式和功能是设计过程中的两个关键因素。对于形式和功能的关系，现代主义风格认为形式服从于功能，形式是解决功能问题的逻辑结果。事实上，虽然形式是功能中不可分割的一部分，但它也有自身的完整性，它对功能的影响是双向的。在景观艺术设计中，功能一定的情况下，形式有多种选择，而不同的功能也可以选择相同的形式。比如一个伸入水面的休息平台，可以是半圆形的，也可以是矩形的；而图纸上很简单的一段圆弧，在实际中可以是地面上的铺装图案，可以是 45 cm 高的座椅，也可以是 1.8 m 高的景墙，设计就是在功能和形式之间探讨各种可能性。

从功能图解到具体形式的跳跃可以被看成是一个再修改的组织过程。在这一过程中，如图 6-15 所示，功能图解中松散的泡泡和箭头将变成具体的形状，可辨认的物体将会出现，实际的空间将会形成，精确的边界将被绘出，实际物质的类型、颜色和质感也将会被选定。

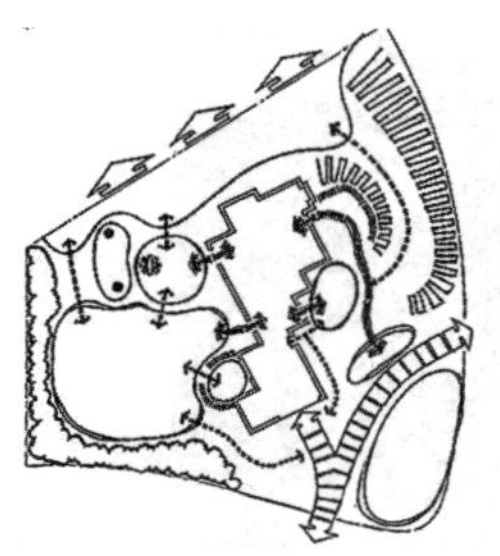
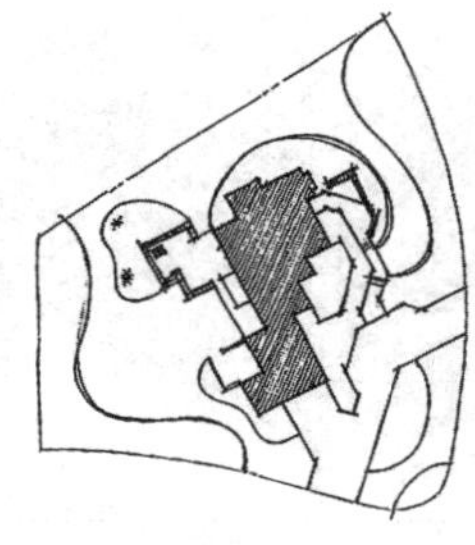
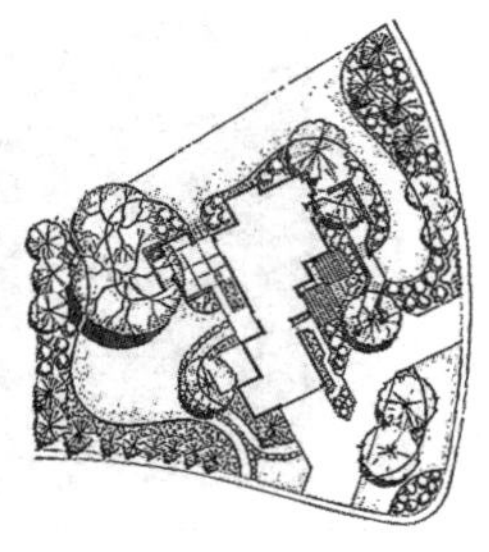

图 6-15　从功能图解生成形式语言

形式的发展过程有两种不同的思维模式，一种是以逻辑为基础，以几何图形为模板，所得到的图形遵循各种几何形体内在的数学规律，运用这种方法可以设计出高度统一的空间。这种方法在第四章已经作过详细讲述了。另外一种是以自然的形体为模板，通过形象化的或者随机自然的形式赋予设计意义，这种设计图形似乎无规律、琐碎、离奇、随机，但却迎合了使用者喜欢新奇和冒险的一面。

哈普林为波特兰市设计的“爱悦广场”是一处以自然形体为模板的景观。广场中不规则的折线的台地，是自然等高线的简化，休息廊的不规则屋顶，来自落基山山脊线的印象，喷泉的水流轨迹则是对山间溪流的模仿（见图 6-16～图 6-18）。

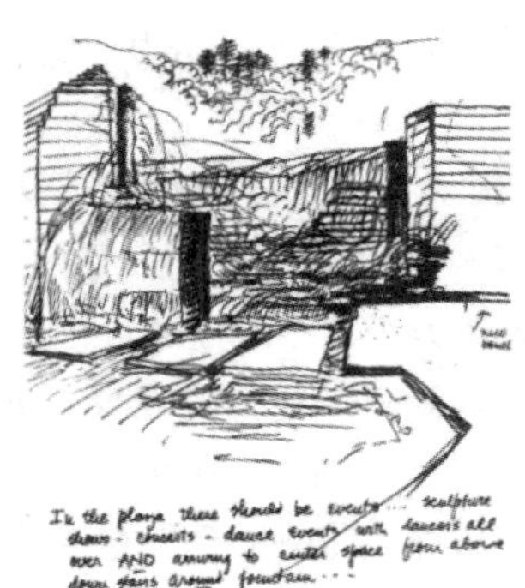

图 6-16　灵感来源示意图

图 6-17　广场模型

图 6-18　喷泉的水流轨迹

五、方案调整和深化阶段

(一)多方案比较

景观设计的思维包括生态、功能行为、视觉审美及空间意象等不同层面，设计时需要考虑空间、行为、美观、技术等因素，在认识和对待这些因素时，设计者任何些微的侧重就会导致不同的方案对策，只要没有偏离正确的设计方向，所产生的方案就没有简单意义的对错之分，而只有优劣之别。对多方案的分析、比较、选择的过程，有助于找到相对意义上的最佳方案。

为了实现方案的优化选择，应尽可能多提方案，且方案的差别尽可能大。为了达到这一目的，必须学会从多方位、多角度来审视场地和行为，通过有意识、有目的地变换侧重点来实现方案在整体布局、形式组织以及空间设计上的多样性与丰富性。方案分析比较的重点应集中在三个方面。其一，比较功能要求的满足程度。其二，比较个性特色的突出程度。其三，比较修改调整的可能性。通过比较选出的最佳方案，还处在大想法、粗线条的设计层次上，某些方面还存在着这样或那样的问题。为了达到方案设计的最终要求，还需要进行调整和深化。

在某小区的景观设计中，根据不同的设计理念给出了两个完全不同的方案：方案一以生活舞台为概念，采用几何形式语言，形态规整(见图 6-19)；方案二以都市森林为概念，采用自然形式语言，形态自由曲折(见图 6-20)。

(二)方案的调整

方案调整阶段的主要任务是解决多方案分析、比较过程中所发现的问题，并弥补设计缺陷。经过多方案比较选出最佳方案，无论是在满足设计要求，还是在具备个性特色上已有相当的基础，对它的调整应控制在适度的范围内，仅限于对个别问题进行局部的修改与补充，力求不影响或改变原有方案的整体布局和基本构思，并能进一步提升方案已有的优势水平。

(三)方案的深入

调整之后的方案，其设计深度还不能达到方案设计的最终要求，还需要一个从

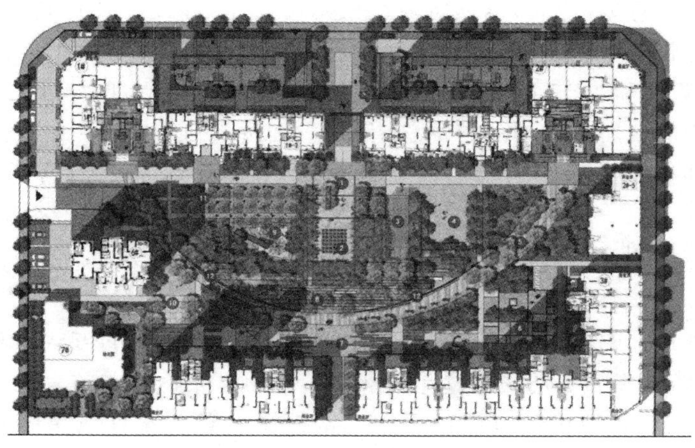

图 6-19 方案一:生活舞台

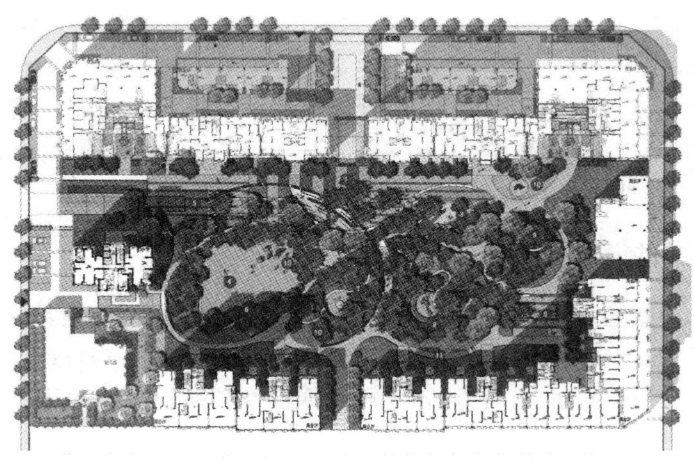

图 6-20 方案二:都市森林

粗略到细致、从模糊到明确、从概念到具体的进一步深化的过程。深化过程主要通过放大图纸比例,由面及点,从大到小,分层次分步骤进行。

首先,要明确并量化空间中各构件的位置、形状、大小及其相互关系,包括地面高度的变化、景观建筑的位置及大小、植物的布置和景观小品设施的分布等具体内容,并将其按照比例准确无误地反映到总平面图中;其次,应分别对景观建筑物、地面铺装、植物选择进行更为深入细致的推敲,推敲的具体内容应包括地面材料的质感色彩和铺设方式、水体的深度和边界的形式、景观小品设施的造型与色彩、照明灯具与挂件饰品,景观墙体的装饰造型、材料质感及色彩光影等。

从设计分析、设计概念的建立,到方案构思阶段,到设计最终成果的表达,这是按时间的顺序计划安排设计进度的科学方法,称为设计流程。设计流程所体现的设计思维创意过程不是直线的过程,通常,一个创意被表达出来以后,设计师总能在此基础上得到修正意见，然后，再创意，再表达，再修正，如此循环往复，直到越来越接近设计的最终目标。因此，要想完成一个高水平的设计方案，除了具有丰富的专业知识、较强的设计能力、正确的设计方法以及极大的专业兴趣外，细心、耐心和恒心是其必不可少的素质品德。对于初学者来说，要注意把握设计中的逻辑性，及时快速地记录下各种灵感，在理性分析的基础上深入挖掘设计的可能性。

第二节　景观艺术设计的成果表达

景观艺术设计的成果表达主要是从专业的角度，以图示的方式清晰地表达设计构思，用于交流并指导后期物化设计。景观设计构思表达方式的专业形式语言主要有景观设计草图，景观设计方案中平、立、剖面图和景观设计效果图和模型等。其中，景观设计草图主要是通过徒手线条图的方式来完成的，因而也称为景观设计徒手草图，主要目的是快速记录设计灵感。景观设计方案中平、立、剖面图是对设计构思更加系统、规范、完整的表达，是正式的设计文件，主要是借助于绘图仪器或计算机软件，也常常结合一定的徒手线条来完成。景观设计效果图可以通过徒手作图或借助于绘图仪与计算机软件完成，景观设计模型可以通过手工制作或借助 3D 打印机完成。但对于设计表达来说，重要的不是完成漂亮的图纸，而是充分、完整、细致地传达和体现设计意图，因而不必过于追求图面的艺术效果。

一、设计表达的基本内容

景观设计一般是由建筑物或构筑物、室外场地(主要是硬质场地)、道路、步行道、植物、户外公共设施、水体、公共艺术品、地形等主要内容构成。景观设计方案阶段的主要图纸是景观设计的平面图、立面图、剖面图、效果图及各种分析图(见图 6-21)。

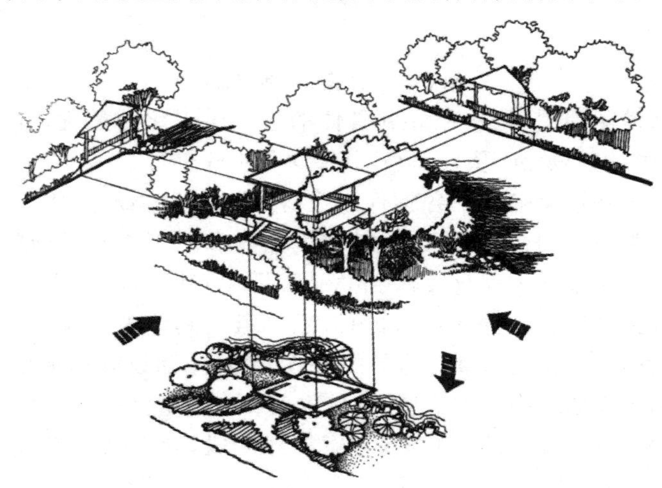

图 6-21　景观的三面投影关系

(一)图线种类及等级

在绘制景观设计方案图时,为了表示图中不同的内容,且便于图纸的识读和分清主次,常常运用不同粗细的图线表达不同的设计内容。

通常每个图的线宽种类不得超过三种,即粗线、中粗线、细线。三种线的线宽比应为1∶0.5∶0.35。在绘制比较简单的图或比例比较小的图时,可以采用两种线宽的线,线宽比为1∶0.35。

(二)平面图

景观设计平面图是指景观设计场地范围内其水平方向进行正投影而产生的视图。景观设计平面图主要表达场地的占地大小,场地内建筑物及构筑物的大小及屋顶形式和材质,道路与步行道的宽窄及布局,室外场地的形状和大小及铺装材料,植物的布置及品质,水体的位置及类型,户外公共设施和公共艺术品的位置,地形的起伏及不同的标高等(见图6-22)。景观设计表达的内容多,容易造成图面混杂和零乱,绘制时应注意整体效果,主次分明。此外,平面图还应标明指北针和比例尺。

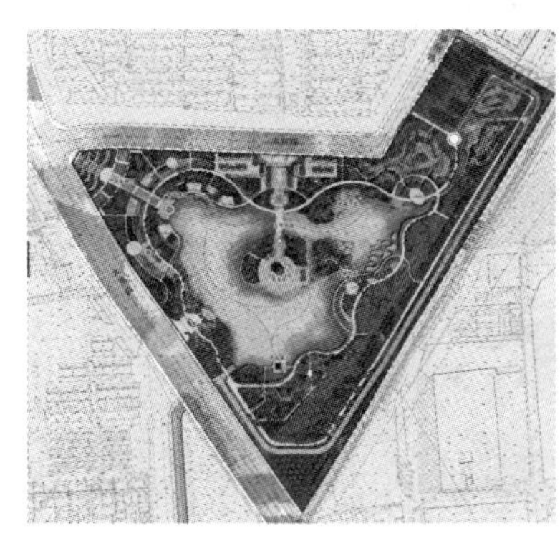

图6-22　平面图

(三)立面图

景观设计立面图是景观设计要素在场地的垂直面上的正投影。景观设计的立面图和建筑设计的立面图一样可以根据实际需要选择多个方向的立面图。

景观设计立面图主要表达了景观设计在垂直方向上的轮廓起伏和节奏,地形的起伏标高变化,设计所用树木的形状和大小,建筑物、构筑物及户外公共设施和公共艺术品的高、宽、体量等(见图6-23)。

图6-23　立面图

(四)剖面图

景观设计剖面图是假想一个铅垂面剖切景园之后,移去被切部分,其剩余部分的正投影的视图。如图 6-24 所示,绘制剖面图需要确认两个条件,一是铅锤面剖切到的位置,另一个是图中箭头所示的方向。这两个条件需要以剖切符号的形式标明在平面图中。景观设计剖面图主要表达景观设计场地范围内的地形起伏、标高的变化、水体的宽度和深度及其围合构件的形状、建筑物或构筑物的室内高度、屋顶的性质、台阶的高度等。

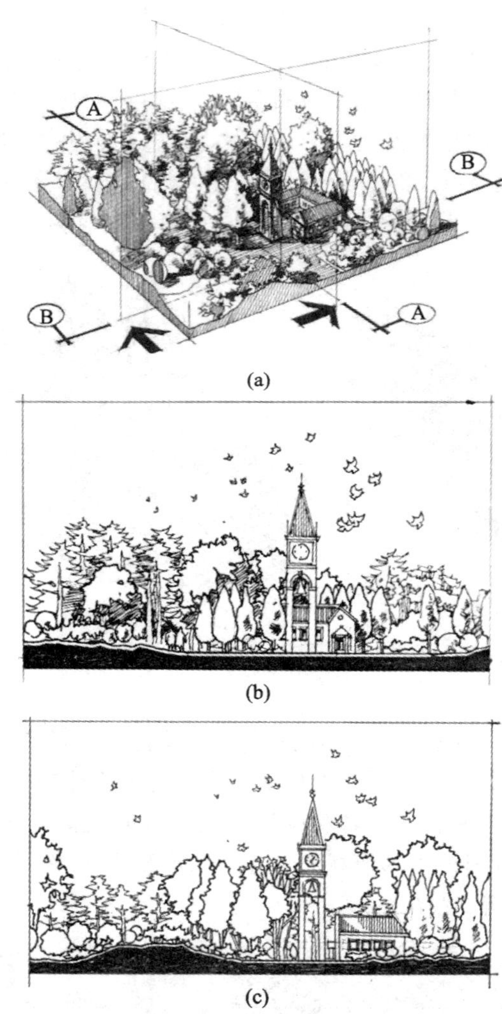

(a)

(b)

(c)

图 6-24　剖面图剖切示意及剖面图

(a)剖面图剖切示意;(b)A-A 剖面图;(c)B-B 剖面图

①先画出地形剖面线,剖切到的建筑物剖面。

②画出其他未被剖切到的建筑物或构筑物的投影轮廓线。

③画出树林等投影轮廓线等。

④加深地形剖面线，然后依图线的等级来完成各部分内容，其中地形剖面线和被剖切到的建筑物剖面线最粗，其他轮廓线次之，划分线等最细。

⑤标明地形变化处的标高。

⑥在景观设计剖面图中，涉及水体时，应画出水位线。

在景观艺术设计的平面图、立面图、剖面图中，由于景观艺术设计的场面较大，立面图、剖面图中一般高宽比悬殊，立面图、剖面图的图面远没有平面图的图面丰富而生动，但是景观艺术设计的平面图、立面图和剖面图的意义和价值是等同的。另外，景观艺术设计的立面图与剖面图不如建筑设计的立面图与剖面图的差异大，而是基本一致。实际工程中，通常将景观设计的立面图和剖面图合二为一，并称为剖立面图（见图 6-25）。

图 6-25　剖立面图

在景观设计的不同阶段，图纸所要求表现的深度是不同的。此处介绍的景观艺术设计中的平面图、立面图和剖面图的画法，只是方案阶段的表达深度。景观艺术设计的施工图除了上述图纸外，还要补充各种景观艺术设计细部节点构造详图、场地中建筑物和构筑物的施工图、花木栽植施工图、水电施工图、竖向设计等。

（五）透视图

透视图是通过绘画技法在二维空间的图纸画面中将三维空间的立体形式表达出来。

绘制透视图非常重要。对于设计人员来说，由于景观设计透视图能直观、逼真地反映出设计的效果，因此有助于设计者对空间形态和体量、比例尺度等的把握作进一步的推敲，使设计成果不断得到改进和完善；同时由于透视图能展示出设计的意图与内容，因此可以使客户看到项目完成后的画面，也便于设计人员与他们进行沟通交流。

景观规划设计常用的透视图绘制方法大致分为以下三类（见图 6-26）。

①一点透视（又称平行透视）：透视的灭点设在正后方的一点上。一点透视图的纵深感强，适宜于表现规整、严谨的景观设计空间，也适宜于表现规则式或对称式的园林或广场空间。如图 6-27 所示，通过一点透视来强调水景庭院中轴对称的庄重感和东方意境。一点透视的绘制方法简单易学，便于掌握，但画面场景稍显呆板。

②两点透视（又称成角透视）：两点透视是画面倾斜成一定角度时，画面上产生

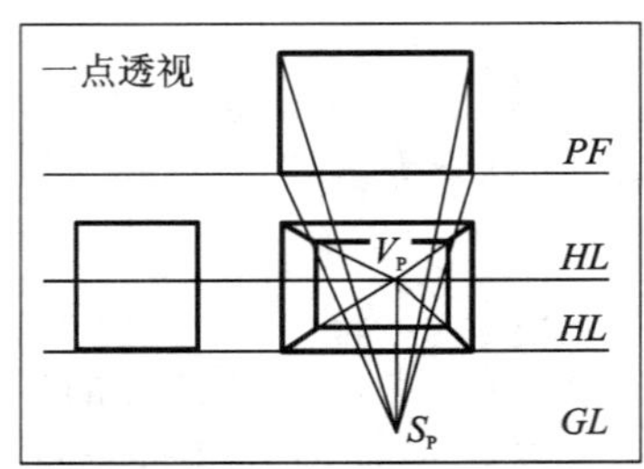

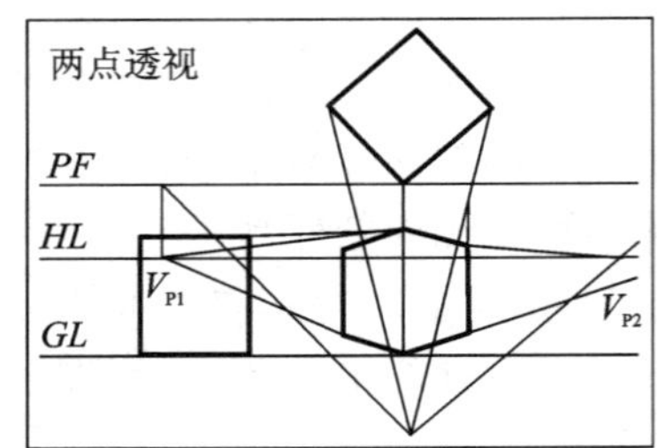

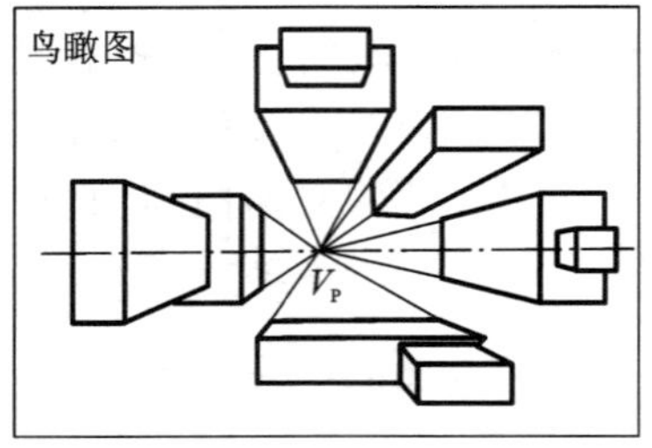

图 6-26　透视种类

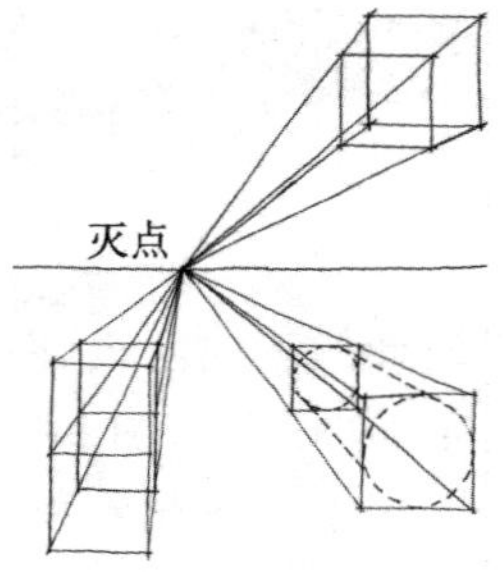

图 6-27　一点透视

了左、右两个消失点(见图 6-28)。在这种情况下,与上下两个水平面相垂直的平行线也产生了长度的缩小。两点透视法的表现范围较宽,适宜于表现比较自由、活泼的景观空间设计。同样,在正常视点高度范围内,无法表现景观空间的相互关系和景观设计的总体效果。

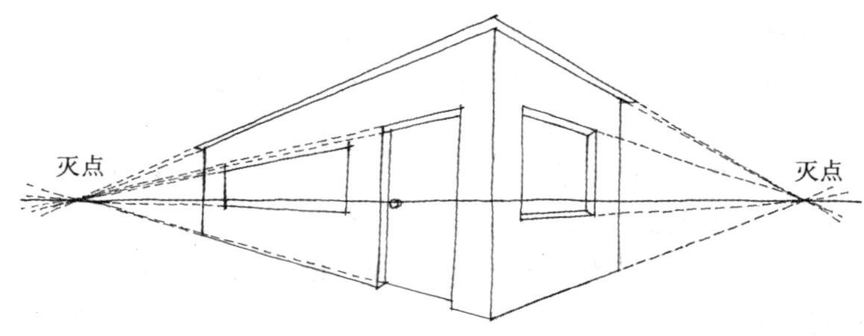

图 6-28　两点透视

距画面中心，两侧的消点距离如果相等，物体左右两边的透视效果相同，则画面不生动。如果其中一边占 1/3 比例，则可以使视距和消点较长的一侧表现空间大些，是画面的主体部分。视平线应当在画面 2/3 上线或下线上取视平线点。如在上线取点，成角透视把地面物体表现得很充分，适合层次分明的景观效果图（见图 6-29）。如在下线取点，画一些构筑物，有利于表现物体生动的仰视效果。

图 6-29　两点透视效果图

③鸟瞰图（也称俯视图）：既可以是一点透视，也可以是两点透视。它的观看角度是自上往下看，特点是便于表现景观空间形体的相互关系和景观设计的总体效果，尤其是当景观设计总平面具有良好的图底关系时，效果最佳（见图 3-30）。

图 6-30　鸟瞰图

（六）轴测图

轴测图不像透视图那样逼真，但它同样能提供多方位的视图。由于是依照比例绘制的，可以完全确定物体的形状和大小，对建造人员有很大帮助。与透视图相比，轴测图的画法易于掌握，因此许多景观设计师都选择将轴测图作为透视图的替代，用来在设计中帮助构思、想象景观物体的形状，以弥补正投影图的不足（见图 6-31、图 6-32）。

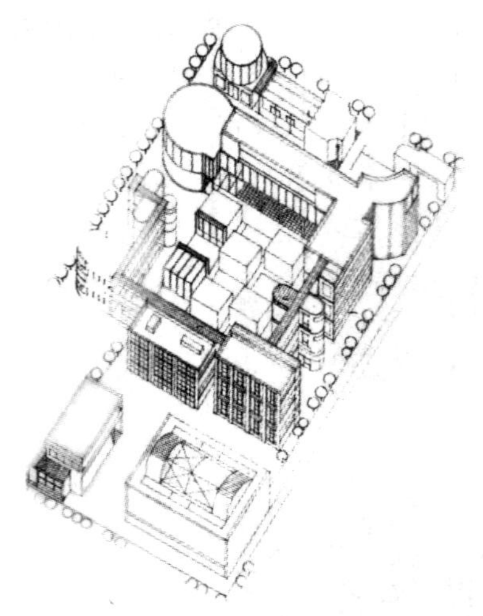

图 6-31 现代建筑的轴测图线稿

图 6-32 传统园林的轴测图线稿

(七)分析图

在景观设计的成果中,除了上述表达设计内容的图纸,还常常有一些分析性质的图纸,如景观结构分析图、功能分区图等,统称为分析图(见图 6-33)。景观分析图可以分为两类:一类是对场地条件和周边环境的分析,包括地形、气候、交通、视线关系等;另一类是对设计思路和内容的分析,包括设计概念(见图 6-34)、结构、动线、功能关系等。绘制分析图的目的是解释设计过程和逻辑,因而要围绕设计思考的过程来表达,力求重点突出,逻辑清晰。

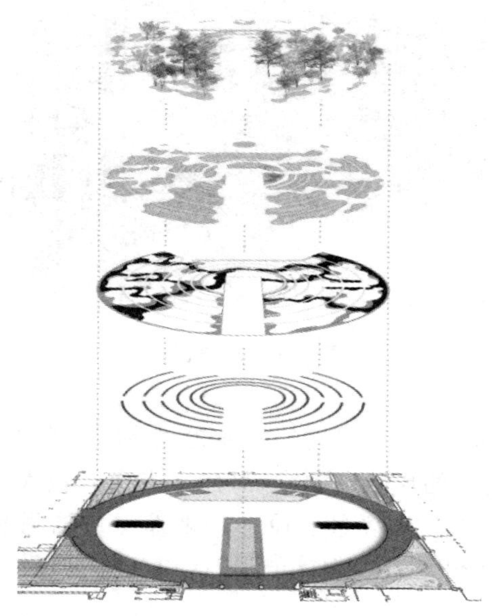

图 6-33 泰康商学院中心庭院景观设计分析图

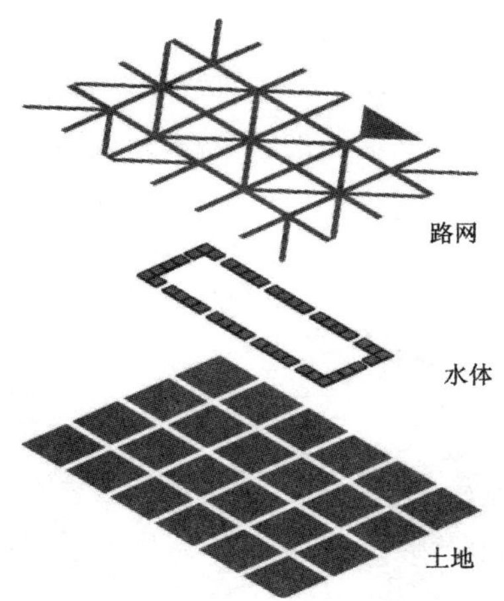

图 6-34　设计概念分析图

（图片来源：https://www.gooood.cn/central-gardenscape-for-taikang-business-school-by-farmerson-architects.htm）

场地和周边环境分析以现状图为底，将需要分析和表达的内容以不同的颜色或符号突出表现。对设计内容的分析则是以设计线框图或去色之后的总平面图为底，将需要表达的设计重点以不同的颜色或符号突出表现（见图 6-35）。设计概念图可以是手绘的草图，也可以是灵感来源的图片，或是简化的概念图。

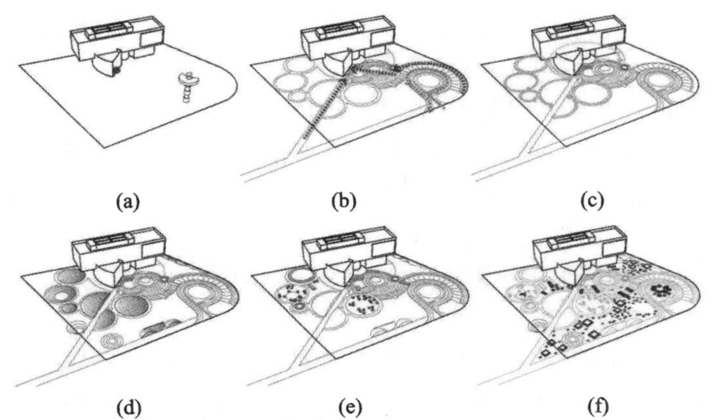

图 6-35　北京大兴万科售楼中心室外广场景观设计分析

（a）出入口和信号塔；（b）交通和人行线路；（c）二级人行线路；（d）地形；（e）座椅；（f）景观元素

（图片来源：https://www.gooood.cn/sales-gallery-vanke-spark.htm）

二、成果表达的表现技法

（一）手绘表现

1. 徒手线条图

徒手线条图是采用目估比例的方法，徒手绘出的图。它强调明确反映景观设计对象及其限定空间的真实面目及内在结构，重在“写实”，便于理解和接受（见图6-36）。徒手线条图是景观设计师必须掌握的基本技能。无论是学习阶段还是工程实践，方法构思阶段都需要以徒手草图的方法来完成，绘制徒手线条图也是方案沟通的基础。

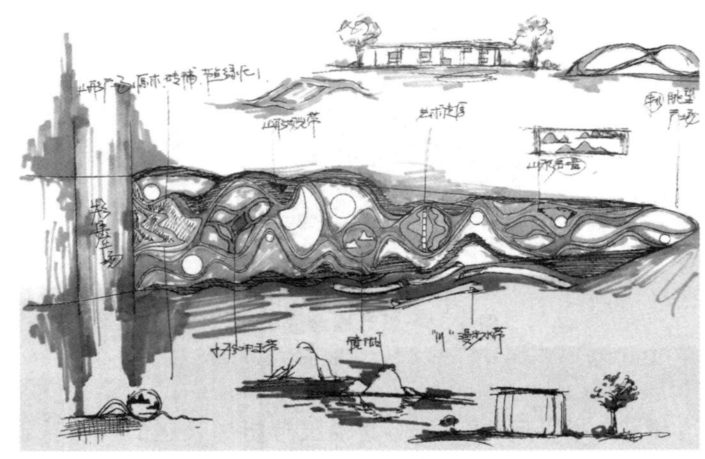

图 6-36　景观方案草图

绘制徒手线条图的工具有铅笔和钢笔。铅笔绘图可以使用同一支笔画出不同深浅及粗细的线条，在方案设计构思阶段，设计师应能及时捕捉设计灵感，快速表达，实现脑、眼、手、图的联动。相对来说，钢笔线条图粗细一致，线条清晰准确，表现力更强。

徒手线条图可以利用不同色调（黑白或彩色）、不同粗细线条的组合和不同轻重的笔触来表达景观设计中不同材料的质感特点和各设计原色的远近层次。徒手线条图还可以通过对各设计元素添加阴影的方法，增加平面图的立体效果。需要注意的是，同一个图中相同高度的设计元素其阴影长度应相同，且所有设计元素的阴影方向应保持一致，阴影可采用涂黑的方式，也可以用线条组合的方式。

2. 手绘效果图表现

与建筑或室内设计的效果图相比，景观设计的效果图一般场面较大，需要表现的对象更为复杂多样。因此，手绘景观效果图的表现多强调空间物体和结构关系的真实性，重视材质肌理和基本色彩关系的描写，不会过分追求光影效果。

（1）马克笔表现

马克笔分为油性和水性两种。油性马克笔渗透力强，色彩鲜艳；水性马克笔色彩淡雅，易与其他技法合用。马克笔具有快干、不需要用水调和、着色方便和表现速度快的特点。马克笔色彩透明，主要通过粗细线条的排列和叠加来取得丰富的色彩变化效果，并可以有很好的笔触效果（见图6-37）。一般按先浅后深的步骤作画，色彩艳丽的马克笔只适合小面积的使用。马克笔也可以同时与透明水色和钢笔线描配合使用。

图 6-37　马克笔效果图

(2)钢笔水彩表现

尽管水彩的明度范围小,表现时有空间感弱、图面不够醒目的问题,但其色彩淡雅纤腻,轻松透明。若利用水彩颜料与钢笔表现出空间形体和空间结构关系,则可相得益彰(见图 6-38)。需要注意的是,水彩的覆盖性较差,作图前应先打小稿,确定色彩调子和基本色彩关系。钢笔线应在画完水彩颜料之后再上,可避免线条因水彩颜料的堆积而变得模糊不清。

图 6-38　钢笔水彩效果图

(3)铅笔透明水色表现

透明水色颜料明快鲜艳,比水彩颜料更加透明,渗透力更强(见图 6-39)。因此叠加层数不宜过多,也不易修改。另外它对纸面的要求比较苛刻,铅笔稿线要淡些,不要使用橡皮,以免损伤纸面而留下疤痕,影响画面效果。

在景观设计效果图的实际表现中,可以用 1 种技法,也可以采用 2 种以上表现技

图 6-39　透明水色效果图

法的组合。重要的是注重空间感的塑造，通过色彩的对比、光影的强弱变化和笔触的粗细大小等手段来增加空间的层次，通过对植物、人物等配景的描绘来增加图面的表现力。

（二）电脑表现

随着计算机技术的不断广泛应用，采用计算机软件制图已是景观设计行业的发展趋势。从 AutoCAD 平面图的绘制，到 3ds Max 或 SketchUp 建模，再到 Photoshop 对效果图的处理，用 Lumion 制作漫游动画，软件制图不仅能让客户更加直观地了解设计，也方便设计师深入地进行创作构思。景观设计制图需要多个软件配合使用，不同的图纸内容或不同的制图阶段会用到不同的电脑软件，最常见的是 AutoCAD、3ds Max 或 SketchUp、Lumion 和 Photoshop 的搭配组合。

1. AutoCAD

AutoCAD 是矢量制图软件，适用于建筑和土木、机械等专业领域。在景观设计中，AutoCAD 主要用于二维平面的绘制。与手绘平面图相比，AutoCAD 绘图的速度和精确度都更好。可以利用软件对图像进行分层绘制，也可以方便地进行标注和文字说明。绘制完成的平面图可以被方便地导入其他软件中进行后期制作（见图 6-40）。

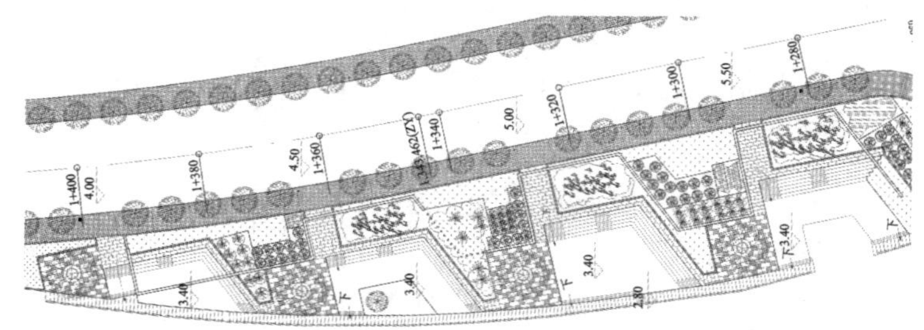

图 6-40　利用 AutoCAD 导出的线稿

2. 3ds Max

3ds Max 功能强大，扩展性好，能充分表现各种场景和建筑，丰富的渲染器搭配光影使用，效果非常逼真，尤其以建筑表现及室内表现效果最佳（见图 6-41）。但模型制作过程较为复杂且修改很慢，材质贴图操作简便，质感很强，但经常会因搭配效果而反复调整，不适合作设计推敲，适合专业三维效果设计师使用，也可以做漫游动画。

图 6-41　利用 3ds Max 制作的效果图

3. SketchUp

相比 3D 建模，SketchUp 更适合做建筑与景观的模型场景。SketchUp 有很方便的推拉功能，通过一个图形就可以很方便地生成三维几何体，无需进行复杂的 3D 建模，因而适合建筑及景观几何形体的建模，尺寸精准。植物方面可插入二维的植物图块，配置快捷。材质方面，贴图简便，但图像效果一般。利用 SketchUp 软件可以快速生成任何位置的剖面，方便了解建筑的内部结构。SketchUp 具有草稿、线稿、透视、渲染等不同显示模式，还可以制作方案演示视频动画，方便表达设计师的创造思路，适合方案交流和演示。可以利用线稿模拟手绘效果，但光影效果不太自然，是草图的风格，需要配合其他软件作后期处理（见图 6-42）。

图 6-42　利用 SketchUp 导出的效果图

4. Lumion

可以利用 Lumion 直接在电脑上创建虚拟现实场景，渲染和场景创建都非常快捷，与其他软件配合使用很方便。可以从 AutoCAD、3ds Max、SketchUp 等软件中导入三维内容，也可以直接创建三维模型、贴材质。其 GPU 渲染技术，能够实时编辑三维场景，使用内置的视频编辑器，可以创建非常有吸引力的视频，也可以输出高清视频文件，还可以直接打印出高分辨率的图像（见图 6-43）。

图 6-43　利用 Lumion 导出的效果图

5. Photoshop

Photoshop 是一款后期处理软件，可对图像进行任意编辑，对小品、植物的合成有很好的融合效果，利用滤镜、通道等工具可以方便、快捷地对图像的颜色进行明暗、色调的调整，可以添加光晕，对灯光效果引起的错误和缺陷也可以进行修改。几乎景观设计的所有成果图纸最终都需要利用 Photoshop 软件进行最终效果的绘制、调整、排版（见图 6-44、图 6-45）。

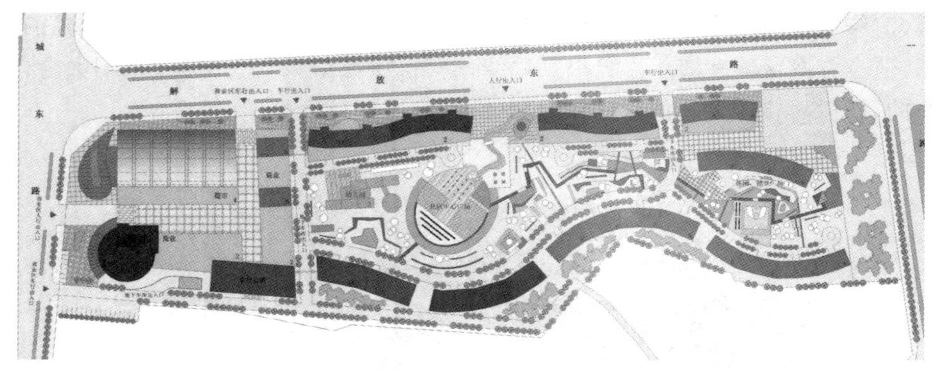

图 6-44　利用 Photoshop 绘制的平面图

图 6-45　利用 Photoshop 处理后的效果图

(三)模型制作

模型是以三维的立体形式,形象地表现建筑与城市、景观的设计意图和设计效果的造型手段。人们能从各个不同角度看到场地的地形、空间及周边环境,因而模型能在一定程度上弥补图纸的局限性。有些巧妙的设计构思,常常需要难以想象的形体和空间,在构思过程中可以借助模型来推敲和完善方案。

模型按用途可以分为设计模型和展示模型。设计模型是设计的一种辅助手段,是设计师的工作模型,相当于设计的立体草图。这类模型的制作,不讲究材料、工艺,也不要求有很高的精度,只要求整体效果和比例准确(见图 6-46)。展示模型是在设计完成后制作的,作为设计方案的展示,这类模型做工精巧,材料和色彩都十分讲究,质感强,形象逼真(见图 6-47)。

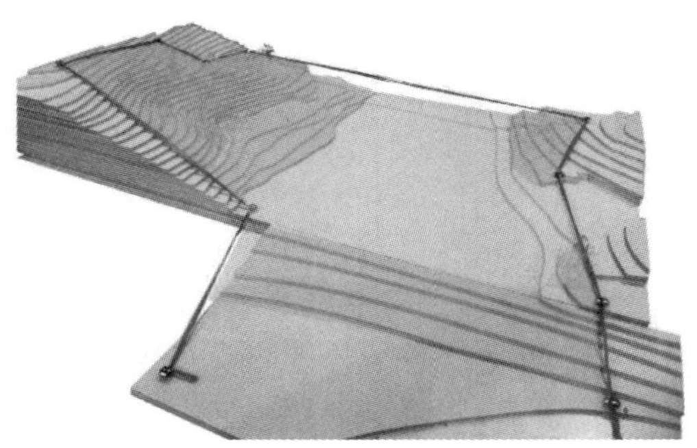

图 6-46　设计模型

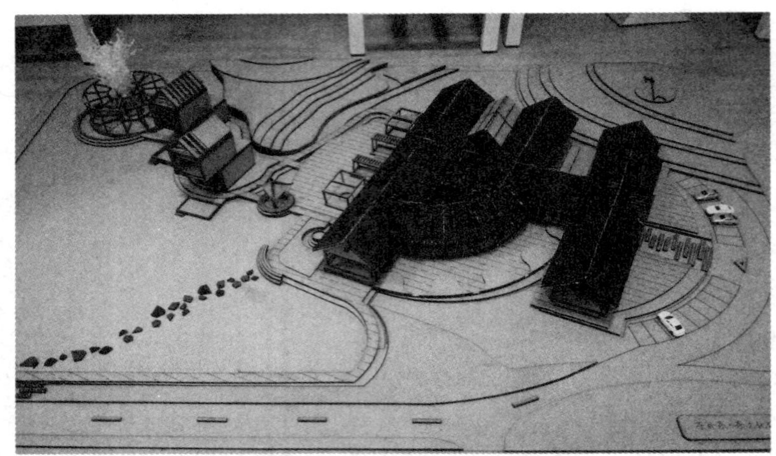

图 6-47　展示模型

第七章　景观设计案例分析

第一节　儿童游乐空间景观设计

一、荷兰伊彭堡小学游乐场

荷兰伊彭堡(kapteinroodnat)小学游乐场的设计理念源于一个电影场景(见图7-1)。在电影中，主角在哥哥的电子管工厂里工作时睡着了，随后被一个人叫醒，并看到那个人按动了很多按钮，结果整个机器就失控了。学校游乐场和集会厅的设计就是由这样的一个故事展开：一根失控的鲜绿色的钢管(见图7-2)。

图7-1　荷兰伊彭堡小学游乐场实景照片

图7-2　连续的钢管将各类活动设施连成一体

这个游乐场由一条直径为5 cm的黄绿色的钢管组成。钢管从入口处延伸开来，在整个地形上蜿蜒曲折，形成形式和功能各不相同的活动设施(见图7-3)。就像是一个栏杆，并且正面向上，在校园中蜿蜒而行，以不同的形式呈现在人们面前。例如，它可以作为攀爬架、足球球门、滑梯和螺旋形座椅(见图7-4、图7-5)，也可以作为各种各样的游乐设施。它直接延伸到集会厅充当舞台、住所、座椅和窗帘导轨(见图7-6)。

图7-3　荷兰伊彭堡小学游乐场儿童活动设施

图7-4　钢管元素的滑梯

钢管造价低廉，且容易组装。设计的独创性，既为空间增加了趣味，又突出了玩耍者。钢管造型设计对学生有很强的吸引力（见图 7-7）。

图 7-5　利用钢管做成的座椅

图 7-6　利用钢管做成的长椅延伸到建筑内

图 7-7　孩子们在用钢管做成的单杠上玩耍

二、芝加哥儿童医院皇冠空中花园

皇冠空中花园坐落在芝加哥市中心，是一座 23 层的儿童医院里位于 11 层上的约 465 m^2 的康复花园（见图 7-8）。这个坐落在一个玻璃温室里面的花园，由一系列光的互动元素、彩色的树脂墙和当地回收的木材元素里面的声音来界定（见图 7-9）。空中花园里有竹林、环氧树脂板、天然鹅卵石和从当地回收来的木材，是一个体验非常丰富的花园（见图 7-10）。孩子们通过直接的接触参与使这个花园充满活力，通过这个温室空间来演奏大自然的音乐（见图 7-11、图 7-12）。曲折的竹林围着线状的玻璃珠喷泉，从地板到屋顶的玻璃窗都与芝加哥市中心的冥想风光毗邻（见图 7-13）。这个花园涵盖了一系列个体的和集体的空间，满足了有免疫缺陷的儿童的花园游玩需求，同时又提供了一个可以探索的空间。

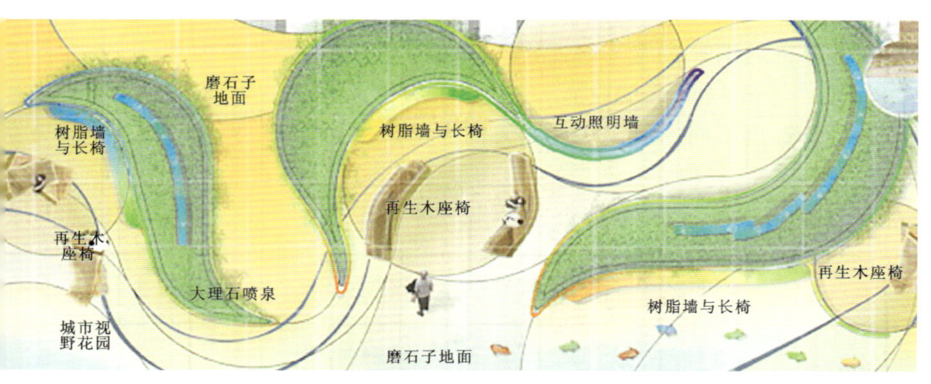

图 7-8　皇冠空中花园平面图

（图片来源：https://mooool.com/crown-sky-garden-by-myk-d.html）

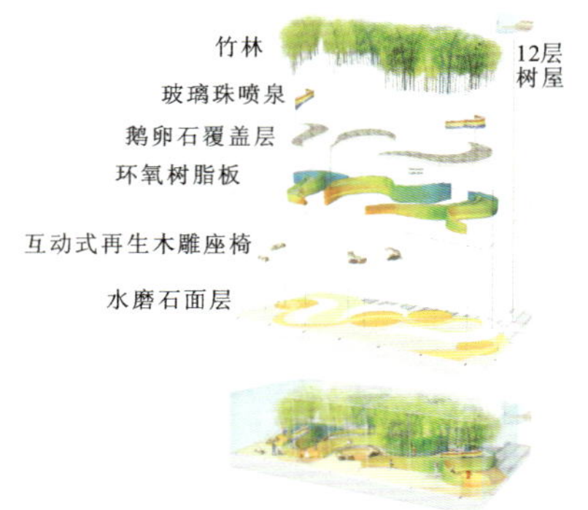

图 7-9　皇冠空中花园要素分析图

（图片来源：https://mooool.com/crown-sky-garden-by-myk-d.html）

图 7-10　皇冠空中花园整体效果图

（图片来源：https://mooool.com/crown-sky-garden-by-myk-d.html）

图 7-11　皇冠空中花园中的互动参与装置

（图片来源：https://mooool.com/crown-sky-garden-by-myk-d.html）

图 7-12　孩子们通过直接的接触参与使花园充满活力

（图片来源：https://mooool.com/crown-sky-garden-by-myk-d.html）

图 7-13　曲折的竹林

（图片来源：https://mooool.com/crown-sky-garden-by-myk-d.html）

第二节　屋顶花园景观设计

一、芭提雅希尔顿酒店的屋顶花园

芭堤雅有美丽的长滩和一览无余的海景。为了避开海滩上夜总会和酒吧的喧闹，拥有 200 间客房的芭堤雅希尔顿酒店（Hilton Pattaya）建在了一个购物中心的屋顶上（见图 7-14）。

图 7-14　鸟瞰位于购物中心屋顶上的酒店花园

（图片来源：https://www.gooood.cn/hilton-pattaya-landscaping-by-trop.htm）

设计师的目标是将景观与芭堤雅美丽的海景重新连接起来。由于面积有限，且中间有一个购物广场的采光天窗必须保留，设计师将花园划分为三个主要部分（见

图 7-15)。第一个组成部分是沙苑(见图 7-16)。沙苑是客人从电梯出来到达的首个区域,考虑到花园使用者与刚进入该区域的使用者之间可能存在的视线干扰,会给花园使用者带来不好的感受,设计中避免了在该区域设置使用功能,而是用沙地和绿地两种材料覆盖了该区域。第二个组成部分是阳光甲板(见图 7-17)。为了最大化花园面积,在健身房和卫生间的顶部增加了另一层"景观花园"。其屋顶延伸并连接到 18 楼,即大堂上方 1 层。这样可以从酒店直接进入尺寸合理的阳光甲板,客人也可以直接步行前往游泳池区,而不必穿过大堂。第三部分是海洋泳池区(见图 7-18),位于屋顶边缘。这一部分没有很复杂的设计,只有一个简单曲线的无边际泳池(见图 7-19),泳池的水面与下方的海洋在视觉上连成一体。泳池被设计成一个大水池,被分隔为游泳池、戏水池、按摩池和儿童游泳池(见图 7-20)。泳池的底部设有光纤照明设施,到了晚上,泳池就像银色的鱼一样闪耀着星星点点的光辉。三个部分结合在一起,在商场的屋顶上形成了一个与世隔绝的世外桃源。

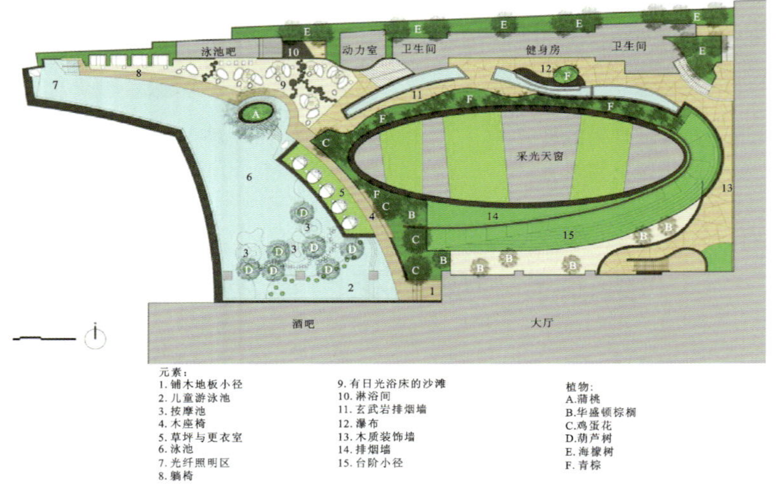

图 7-15　希尔顿酒店的屋顶花园平面图

(图片来源:https://www.gooood.cn/hilton-pattaya-landscaping-by-trop.htm)

图 7-16　沙苑区

(图片来源:https://www.gooood.cn/hilton-pattaya-landscaping-by-trop.htm)

图 7-17　阳光甲板区

(图片来源:https://www.gooood.cn/hilton-pattaya-landscaping-by-trop.htm)

图 7-18 海洋泳池区

（图片来源：https://www.gooood.cn/hilton-pattaya-landscaping-by-trop.htm）

图 7-19 无边际泳池区

（图片来源：https://www.gooood.cn/hilton-pattaya-landscaping-by-trop.htm）

图 7-20 戏水池

（图片来源：https://www.gooood.cn/hilton-pattaya-landscaping-by-trop.htm）

二、纽约曼哈顿 57 号公寓楼屋顶庭院

曼哈顿 57 号公寓楼坐落于哈德逊河一侧。在曼哈顿 57 号公寓楼，可以欣赏到哈德逊河和码头的独特景观（见图 7-21）。这栋 32 层的公寓楼由 BIG 设计事务所设计建造，建筑东北角直冲云霄，优雅地保留了相邻的 Helena Tower 面向哈德逊的景观。而另外三角则顺势而下，保持在较低的高度之上。建筑形体在不同方向产生完全不同的视觉效果。从西面看是一个双曲线抛物面或者说是扭曲的金字塔；从东面看是一个细长的尖塔。下凹的体量不仅将哈德逊河的独特景观引入了建筑之内，同时也让温暖的夕阳得以洒落在公寓楼的大部分空间中。

图 7-21 从哈德逊河远眺曼哈顿 57 号公寓楼

（图片来源：https://www.gooood.cn/via-57-west-by-big.htm）

这栋高层建筑内分布着大小不一的公寓，而一、二层是各式各样的文化与商业空间。公寓楼兼具美国超高层建筑和欧洲庭院的特点：空间利用率大，有 709 户住宅空间；建筑内置花园空间，休闲惬意（见图 7-22）。建筑的下层空间与内部庭院建立了紧密的联系，巨大的楼梯连接着大堂和庭院，仿佛在邀请居民前往休息放松。环绕庭院的空间分布着休息室、活动室、篮球馆、健身房等各类休闲空间，内外公共空间在结构与视觉上相互交融，融为一体（见图 7-23）。

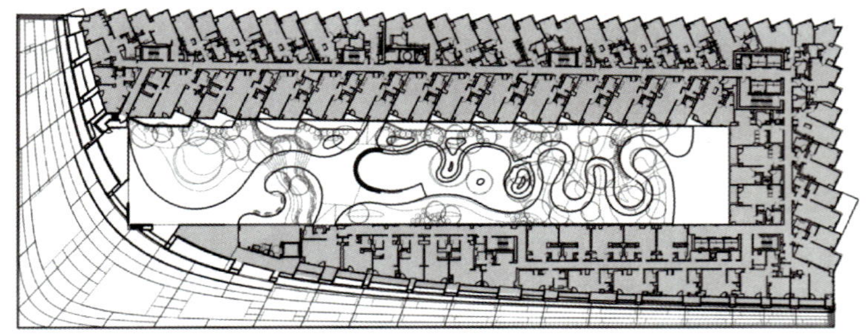

图 7-22 公寓楼平面图

（图片来源：https://www.gooood.cn/via-57-west-by-big.htm）

图 7-23 建筑的下层空间与内部庭院联系紧密

（图片来源：https://www.gooood.cn/via-57-west-by-big.htm）

建筑中央私密而安静的花园庭院在视觉上与哈德逊河河畔公园的绿地相互连接，融为一体，仿佛成为了城市公共绿地的一个部分。庭院的设计灵感来自哥本哈根——一个被誉为花园的城市，创造了一种体验式的景观（见图 7-24）。庭院中种植了 47 种当地植物。

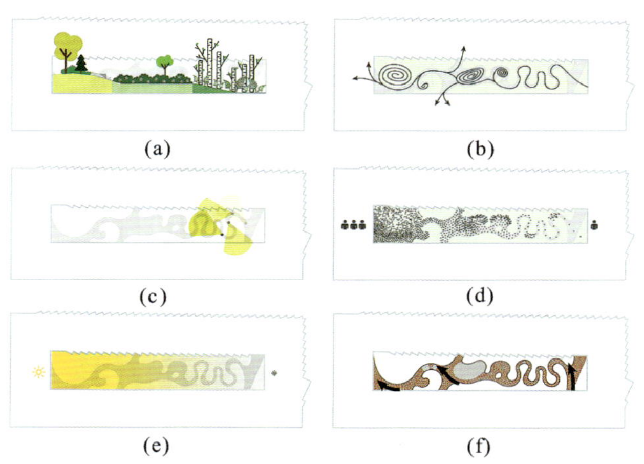

图 7-24 庭院景观设计灵感示意图

(a)三个栖息地；(b)大气环流；(c)不断变化的观点；(d)与社会隔离；(e)由暗到亮；(f)与曲径呼应的铺装

（图片来源：https://www.gooood.cn/via-57-west-by-big.htm）

花园庭院是模仿纽约中央公园的格局而形成的，与纽约中央公园有着完全一致的比例，只是面积只有纽约中央公园的 1/13000，像是一个缩微版的中央公园（见图 7-25）。庭院的东边是绿树成荫的“树林”（见图 7-26），西边是阳光普照的“牧场”。砖的涟漪图案呼应着小路的曲折，创造了一个重复流动的形式（见图 7-27）。当游客沿着它前进时会产生新的视角，增加了景观的沉浸感。

该项目通过巧妙的设计，将两种看起来互斥的建筑类型——庭院和超高层建筑融合在一起，成为大城市中一道独特的风景线。

图 7-25　庭院长宽比例与中央公园比例一致

(图片来源：https://www.gooood.cn/via-57-west-by-big.htm)

图 7-26　庭院的东边是绿树成荫的树林

(图片来源：https://www.gooood.cn/via-57-west-by-big.htm)

图 7-27　蜿蜒起伏的小路上砖的涟漪图案

(图片来源：https://www.gooood.cn/via-57-west-by-big.htm)

第三节　商业空间景观设计

一、北京五道口宇宙中心广场环境设计

宇宙中心广场位于北京五道口，尺寸为 110 m×25 m。设计师希望创造一个能够跟人互动的趣味景观场所，为周围区域带来更多的活力。图 7-28 是设计师的草图

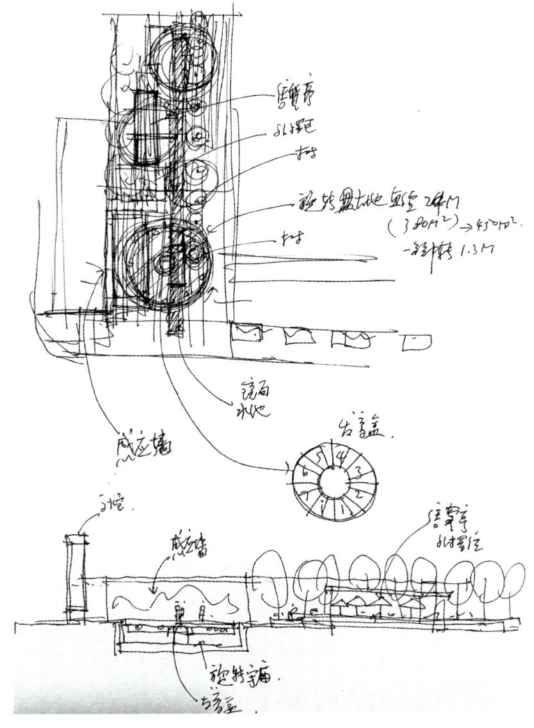

图 7-28　宇宙中心广场草图手稿

(图片来源：http://www.ztsla.com/plus/view.php? aid=203)

手稿,设计师利用自由的线条表达了广场上的主要设计元素。广场总体是长条形的,东侧有石材和木质的阶梯状平台供人坐憩,西侧是树池坐凳(见图 7-29、图 7-30)。从平面来看,只有简单的一排旱喷、一排树、几排座凳。但场地的尽头隐藏玄机,设计师设计了一个互动性和趣味性很强的旋转平台装置——宇宙旋转平台(见图 7-31)。如图 7-32 所示,旋转平台直径为 21 m,平台上的植物和水景会随着平台一起旋转(见图 7-33)。一个小时转一圈,到整点的时候,喷泉和树会回到原来的位置,而旋转平台的铺装条纹也会和广场铺装对上(见图 7-34),整个喷泉系统会自动启动,持续喷水 10 分钟,然后继续下一个小时的转动。夜晚,在灯光的配合下,喷泉会带动更活跃的气氛。坐凳等休息设施的布置,也增加了使用者在广场休憩、停留的时间(见图 7-35)。

从设计概念上讲,设计师意图将时间的度量结合在空间的设计中,通过空间形式的变化和仪式化的效果来提醒人们时间易逝,光阴不再。这个抽象的设计概念以一种简洁而有趣的形式得以实现,符合其商业景观的功能性质,为商业中心吸引了更多的人流,其本身也成为五道口的标志。

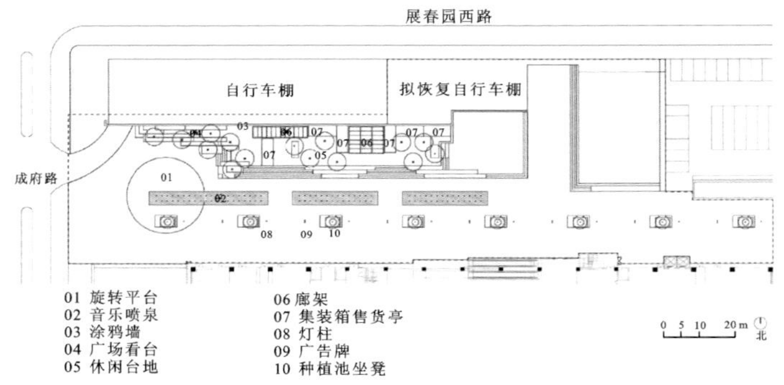

图 7-29 宇宙中心总平面图

(图片来源:http://www.ztsla.com/plus/view.php? aid=203)

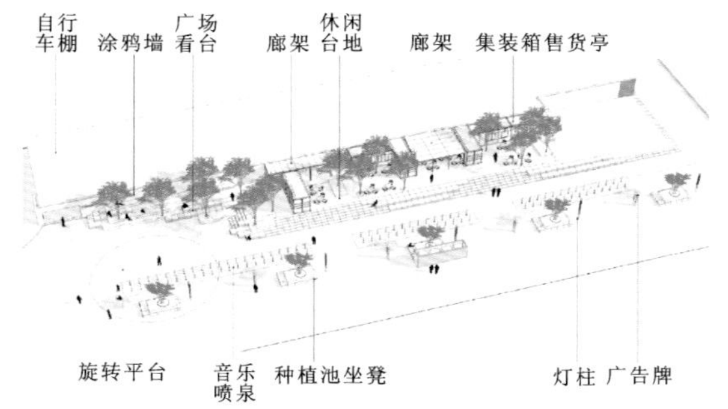

图 7-30 宇宙中心广场鸟瞰图

(图片来源:http://www.ztsla.com/plus/view.php? aid=203)

图 7-31 宇宙旋转平台

（图片来源：http://www.ztsla.com/plus/view.php?aid=203）

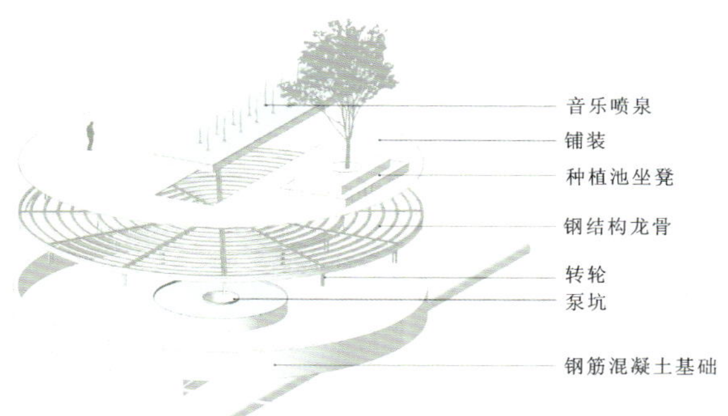

图 7-32 宇宙旋转平台分析图

（图片来源：http://www.ztsla.com/plus/view.php?aid=203）

图 7-33 转盘转动实景

（图片来源：http://www.ztsla.com/plus/view.php?aid=203）

图 7-34 整点的旋转平台

（图片来源：http://www.ztsla.com/plus/view.php?aid=203）

图 7-35 宇宙中心广场夜景

（图片来源：http://www.ztsla.com/plus/view.php?aid=203）

二、郑州万科城星光广场

星光广场延续了万科城销售广场的景观语言，也承载了未来高密度住宅开发对活动空间和商业空间的需求（见图 7-36）。既不对商业空间进行遮挡，同时又能促进商业活动，并且让整个广场成为一个能留得住人的趣味空间。

图 7-36 俯瞰星光广场

（图片来源：https://www.gooood.cn/zhengzhou-vanke-central-plaza.htm）

复杂的平面布局中有着明确的设计逻辑和连贯的设计推导过程。设计师首先在场地周边设置环路连接各主要建筑物，并根据建筑物的主入口等，为穿越广场的人流创造了便捷的直线路径(见图 7-37)。广场被定义为万科城最富有活力的场所，设计师希望广场能吸引各年龄段的人或主动或被动地参与到广场中的活动中。广场中的功能区有儿童和青少年的活动场地、主动休闲空间、互动戏水广场和商业街，以及场地之间的绿化缓冲带(见图 7-38)。考虑到实际情况，组织好儿童的活动空间，更容易带来人气。因此，设计师设计了旱喷广场、迷雾石阵、奔跑的长凳、儿童攀岩墙、儿童下沉活动场、轮滑广场，为儿童和青少年提供了多样的活动场地。之后将功能分区图与交通流线图叠加，形成了新的功能结构，既方便地分隔了各功能场地，又避免了过长的路径(见图 7-39)。从城市设计的角度考虑，从西侧的滨河公园到未来对角的商业街之间存在一条很强的人流动线(见图 7-40)，因此，设计师引入了一个长的条形空间。通过抬升或降低局部地形的高度形成视线廊道(见图 7-41)，提供安全的活动场所，并创造了互动的“看与被看”的空间(见图 7-42)。

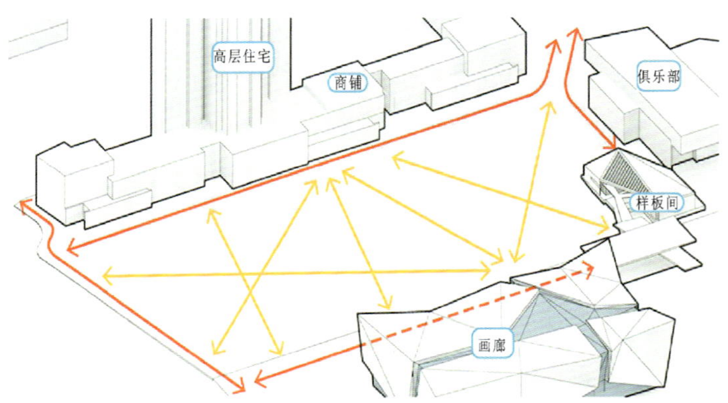

图 7-37　场地人流动线分析

(图片来源：https://www.gooood.cn/zhengzhou-vanke-central-plaza.htm)

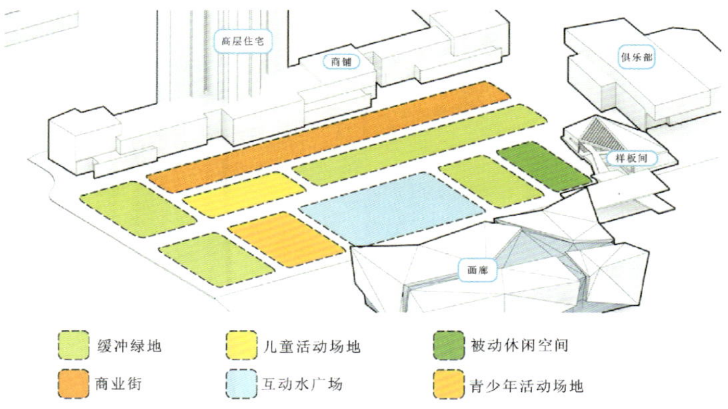

图 7-38　场地功能空间分析

(图片来源：https://www.gooood.cn/zhengzhou-vanke-central-plaza.htm)

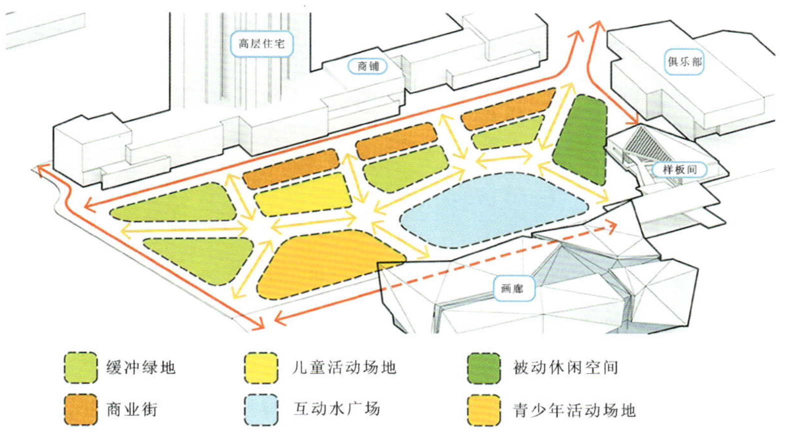

图 7-39　功能分区图与交通流线图叠加形成的功能结构

（图片来源：https://www.gooood.cn/zhengzhou-vanke-central-plaza.htm）

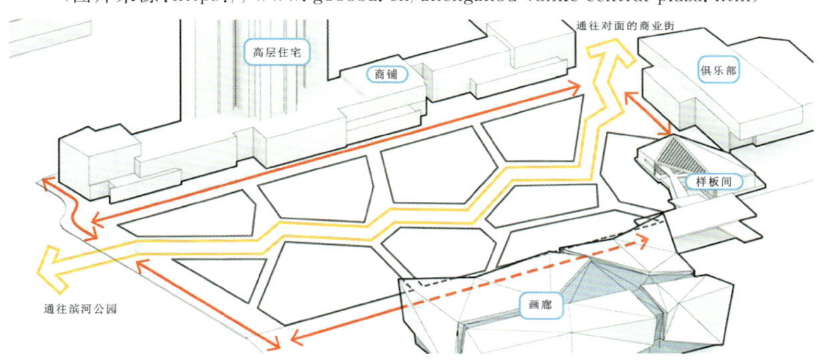

图 7-40　贯穿场地的人流动线

（图片来源：https://www.gooood.cn/zhengzhou-vanke-central-plaza.htm）

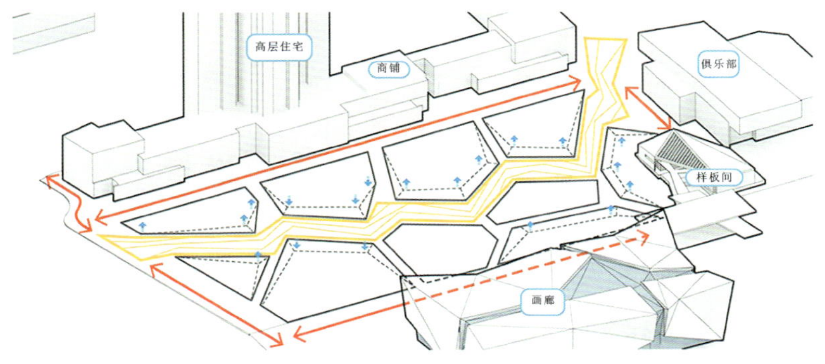

图 7-41　通过抬升或降低局部地形的高度形成视线廊道

（图片来源：https://www.gooood.cn/zhengzhou-vanke-central-plaza.htm）

向上倾斜的地形边界被规划成长椅，凹陷的场地成为了旱冰场、儿童攀岩墙、儿童活动草地，以及连接旱喷和迷雾花园的跑道（见图 7-43）。每个活动场地各自独立，互不干扰。旱喷和迷雾花园是最适合孩子的活动空间（见图 7-44），观赏休憩区

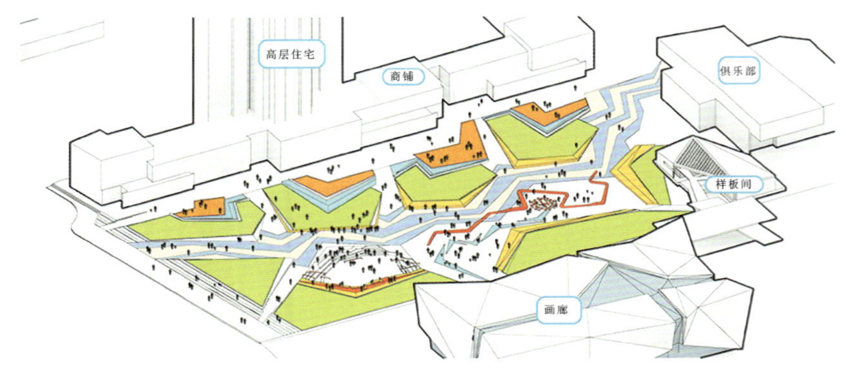

图 7-42　设计的多个活动场所和"看与被看"的空间

（图片来源：https://www.gooood.cn/zhengzhou-vanke-central-plaza.htm）

则鼓励家长们进行交流和互动。星光大道把这些活动场地一个一个串联起来，两侧的蒲公英灯和其他地面灯互相辉映，增加了广场的趣味性，同时也把人们视线引向商业街。北侧商业街则被分割成了四块木制平台（见图 7-45），每个平台前面都有形态各异的水景，使整个空间充满灵动的气氛。

图7-43　连接旱喷和迷雾花园的跑道

（图片来源：https://www.gooood.cn/zhengzhou-vanke-central-plaza.htm）

图 7-44　旱喷和迷雾花园

（图片来源：https://www.gooood.cn/zhengzhou-vanke-central-plaza.htm）

图7-45　木制平台形成外摆的商业空间

（图片来源：https://www.gooood.cn/zhengzhou-vanke-central-plaza.htm）

第四节　雨水花园景观设计

一、阿普贝思雨水花园

雨水花园是海绵城市中的一种雨洪管理措施，可以对建筑屋顶及周边场地的雨水进行有效的渗透、滞留、净化、蓄积、利用、排放，对雨水进行管理，成为真正的雨水银行。雨水花园落地性强、对环境友好，并同时能满足人们的使用需求。它不仅是海绵城市建设的一项技术措施，更是一类花园，可以像其他花园一样富有功能，充满技术性与艺术性。

阿普贝思雨水花园位于北京 768 创意园区内，占地面积是 170 m^2，2015 年 4 月建成(见图 7-46)。建设前场地内有屋面雨水落水管一根,雨水管排出的雨水对建筑物散水和散水附近的绿地冲蚀严重,造成建筑勒脚和散水多处裂痕和不均匀沉降(见图 7-47)。场地内除两棵大白蜡树外,无景观性,而非雨期时场地内的浇灌维护费又不少。

图 7-46 阿普贝思雨水花园

(图片来源:https://www.gooood.cn/rain-garden-ups.htm)

图 7-47 建设前雨水的严重冲蚀

(图片来源:https://www.gooood.cn/rain-garden-ups.htm)

阿普贝思雨水花园建设以"可持续性景观"为指导思想,设计中对适宜于北方的雨水花园特质进行了探索性的研究,并结合传统耕作景观的台地蓄水经验、有机新材料及低维护植物的运用,形成了有 5 个显著特征的雨水花园微创新:雨水路径、台地、低维护植物、节能型材料和色彩(见图 7-48)。

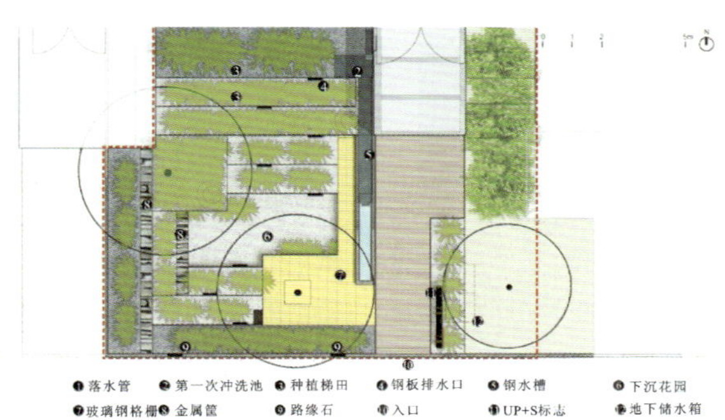

图 7-48 雨水花园平面图

(图片来源:https://www.gooood.cn/rain-garden-ups.htm)

如图 7-49 所示,屋顶雨水经落水管进入弃流池初步沉淀后,一部分进入循环水景,另一部分通过层层台地滞留、净化、下渗,使得径流部分径流线路达到最长路程,汇入中心下沉花园。同时道路雨水从开口道牙经过台地净化,干净的雨水也汇入下沉花园。当雨水量超过设计容量时,过多的雨水通过溢流装置进入地下贮水池,雨后泵送回第二层台地循环净化,或用于植物浇灌、洗车等,场地内部雨水自行消解。

在设计中,注重雨洪设施的景观化处理,在满足功能需求的前提下追求雨水花园营建的艺术化(见图 7-50)。低影响材料清水混凝土水槽呈现自然亲切质感;透水的明黄色玻璃钢格栅是利用废旧材料加工而成,象征四季都在盛放的迎春花;黑色钢板硬朗的线条感,凸显台地层次,与水的柔美相配合,刚柔并济。空间的使用功能也是设计重点中需考虑的内容，格栅平台方便近距离地接触和观察雨水花园和循环水景，让雨水设施可亲近和互动(见图 7-51)。水景设计尺度适宜，利用净化后的雨水是其一大亮点。潺潺的水声给人宁静之感。午后，这里是员工休闲、交流的重要场所。这里还能吸引儿童乐此不疲地戏水玩耍。花园种植的耐水湿和干旱的低维护植物有荷兰菊、狼尾草、蒲苇、芦竹、黄菖蒲、鸢尾等二十几种(见图 7-52)。

图 7-49　雨水循环过程示意图

(图片来源：https://www.gooood.cn/rain-garden-ups.htm)

图 7-50　雨洪设施的景观化处理

(图片来源：https://www.gooood.cn/rain-garden-ups.htm)

图 7-51　格栅平台

(图片来源：https://www.gooood.cn/rain-garden-ups.htm)

图 7-52　花园种植的耐水湿和干旱的低维护植物

(图片来源：https://www.gooood.cn/rain-garden-ups.htm)

雨水花园采取设计施工一体化方案建造。通过精准的计算和巧妙的高差处理，下沉花园与台地实现了土方自平衡(见图 7-53)。在设计与建造过程中不断地完善

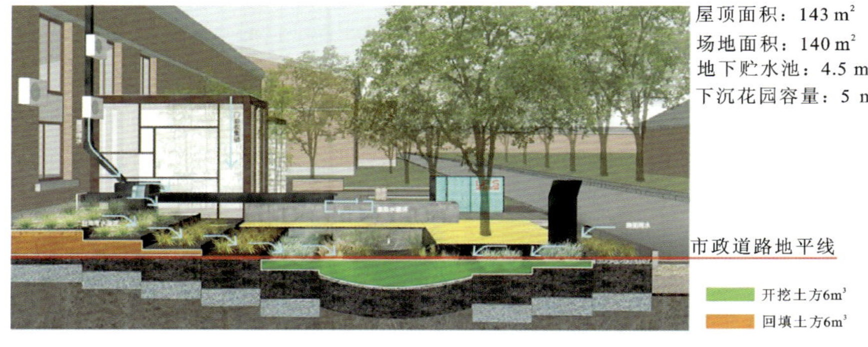

图 7-53　下沉花园与台地之间的土方自平衡

(图片来源：https://www.gooood.cn/rain-garden-ups.htm)

设计流程和雨水路径，以及对雨水渗透、滞留、净化、收集和排放的每个环节都与景观形态密切结合，使地下看不见的“景观”，如过滤、下渗过程等通过生态显露性设计，以地上可视的、艺术化的景观形态全部呈现出来。

从实施效果来看：阿普贝思雨水花园以最优化的低影响策略打造了低造价、低影响和低维护的景观；雨水的利用率基本上达到了百分之百，实现了花园范围内雨水的零排放。

第五节 纪念空间景观设计

一、伦敦海德公园戴安娜王妃纪念喷泉

戴安娜王妃纪念喷泉位于伦敦海德公园内，其设计表达了“敞开双臂——怀抱”的概念（见图 7-54）。设计师设计了一个顺应场地坡度的，在树林中落脚的浅色景观闭环流泉（见图 7-55）。整个景观水路经历跌水、小瀑布、涡流、静止等多种水景状态，以反映戴安娜起伏的一生（见图 7-56）。

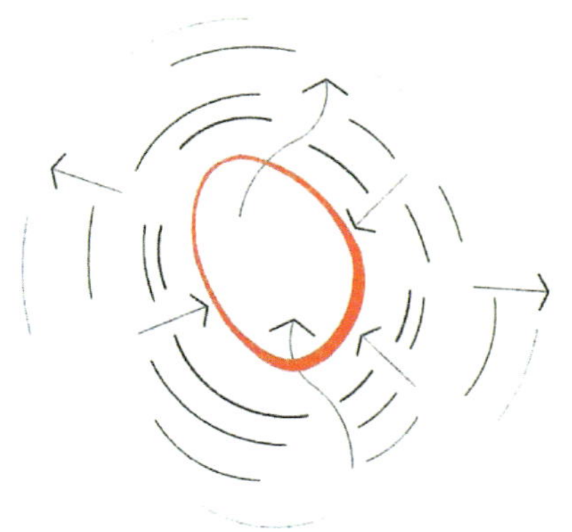

图54 戴安娜王妃纪念喷泉设计概念图
（图片来源：https://www.gooood.cn/diana-memorial-fountain.htm）

图 7-55 戴安娜王妃纪念喷泉鸟瞰图
（图片来源：https://www.gooood.cn/diana-memorial-fountain.htm）

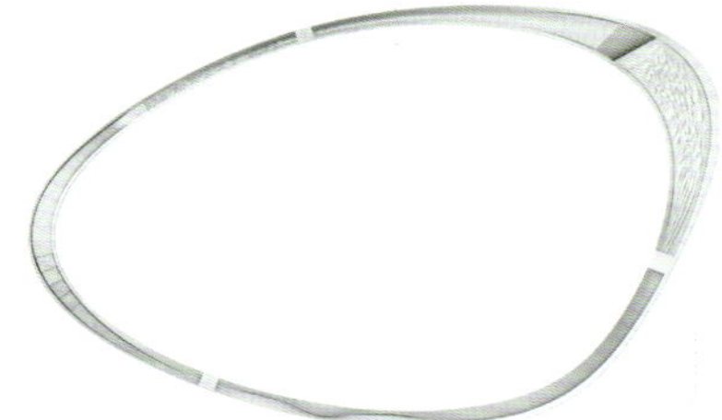

图 7-56 景观水路中的跌水、小瀑布、涡流、静止等水景状态分布
（图片来源：https://www.gooood.cn/diana-memorial-fountain.htm）

喷泉是游客与水交流的好地方(见图 7-57)。喷泉上有精细的凹槽和通道，结合空气喷射赋予水生命力，创造出多样的水景效果，以及多种声响效果，如“嗖嗖作响”“小瀑布”“摇滚乐”等。这个喷泉看起来像一个浅色的环，和周围的草地区和种植区形成鲜明的对比(见图 7-58)。

图 7-57 游客与水的互动

(图片来源：https://www.gooood.cn/diana-memorial-fountain.htm)

图 7-58 纪念喷泉与周围的草地区和种植区形成鲜明的对比

(图片来源：https://www.gooood.cn/diana-memorial-fountain.htm)

简洁而优美的设计离不开精湛施工技术的实现。整个纪念喷泉的设计与施工不仅有景观设计师的参与，还有计算机建模专家、顾问、工程师、专业石匠的参与。喷泉由 545 件花岗岩制成，设计和切割采用了先进的数字化技术。先生成精确的 3D 模型，包括达到所需效果的独特纹理(见图 7-59)，然后用切割技术进行切割。

图 7-59 景观水路独特的材质肌理

(图片来源：https://www.gooood.cn/diana-memorial-fountain.htm)

二、纽约圣文森特医院艾滋病纪念广场

2012年，“A+I”事务所的方案被选中为纽约圣文森特医院遗址公园艾滋病纪念广场（见图7-60）。基地是一块三角形街心绿地的锐角顶端。这片三角形土地，位于前圣文森特医院的街对面，连接着第七大道、12街和格林威治大道。如图7-61所示，建筑师在场地中设计了一个开放的空间，以连续曲线的绿化限定了路径，绿化边缘布置了红色的长椅，面向内部，场地的角落处稍微分开，人们可以自由进入。场地内部做了同样形式、形态自由的绿化，朝向场地一角的纪念建筑。该纪念建筑形状受到三角形基地影响，形成一个类似树冠的顶限定空间（见图7-62）。该建筑潜在的隐喻是由茂密的森林树冠提供的避难所，以及林中树木消失时产生的视觉冲击。三角形屋顶各边向下折叠，形成三个起支撑作用的倒三角支点（见图7-63）。通梁结构为建筑提供侧面支撑，同时上面还覆盖了常春藤、爬山虎和金银花等季相变化鲜明的爬墙植物（见图7-64、图7-65）。纪念建筑的顶上留了一个圆形的洞，其下是一个圆形的水池，静水流泉的设计突出了安静的氛围，让人深思冥想（见图7-66）。地面的石材色彩素雅，以不同的纹理、对比色进行区分。在同心圆形的地面铺装上刻着艾滋病人的故事，成为一个带有叙事性的铺装，让前来悼念的人们能够沉思、交流和了解（见图7-67）。

图7-60 纽约圣文森特医院遗址公园艾滋病纪念广场中标方案

（图片来源：https://www.gooood.cn/green-triangular-canopy-by-studio-ai.htm）

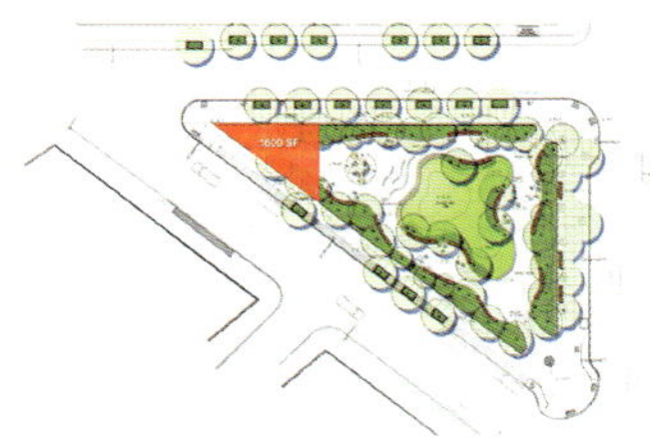

图7-61 广场总平面图

（图片来源：https://www.gooood.cn/green-triangular-canopy-by-studio-ai.htm）

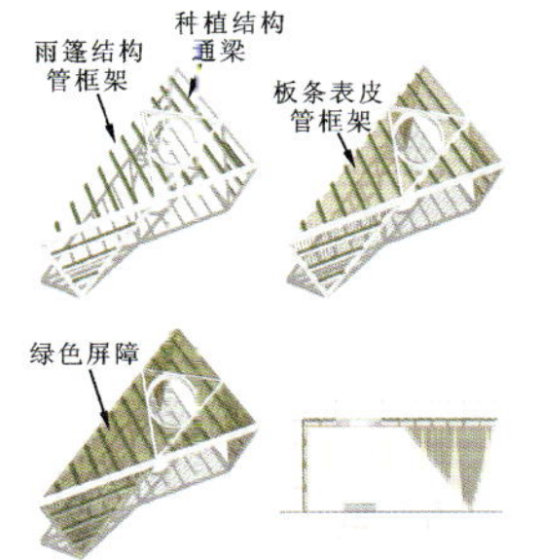

图7-62 廊架结构设计图

（图片来源：https://www.gooood.cn/green-triangular-canopy-by-studio-ai.htm）

图7-63 设计概念图

（图片来源：https://www.gooood.cn/green-triangular-canopy-by-studio-ai.htm）

图 7-64　廊架立面图

（图片来源：https://www.gooood.cn/green-triangular-canopy-by-studio-ai.htm）

图 7-65　廊架效果图

（图片来源：https://www.gooood.cn/green-triangular-canopy-by-studio-ai.htm）

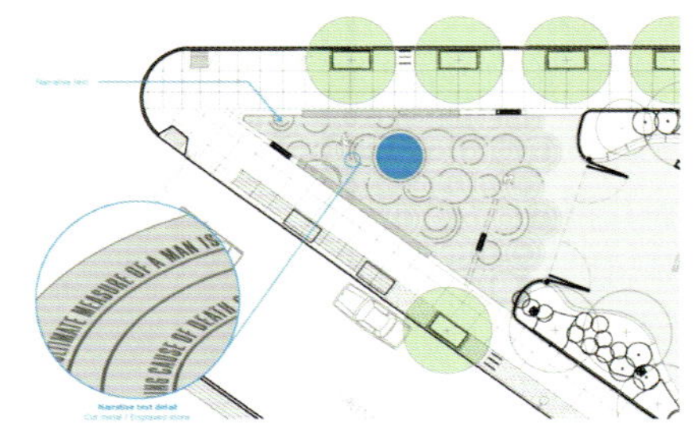

图 7-66　静水流泉的设计突出了安静的氛围

（图片来源：https://www.gooood.cn/green-triangular-canopy-by-studio-ai.htm）

图 7-67　叙事性的铺装设计

（图片来源：https://www.gooood.cn/green-triangular-canopy-by-studio-ai.htm）

第六节　滨水空间景观设计

一、韩国 ChonGae 运河修复工程

ChonGae 运河修复工程位于首尔市中央商务区的两大步行街之间，是 7 km 长的绿色廊道的起点（见图 7-68），于 2007 年竣工。该项目原本是一条受污染的河流，位于城市的商业中心，经过改造成为一个商业中心景观。设计师重点设计了河流沿岸的景观，巧妙地将河道两边设计成供人行走的人工河岸（见图 7-69），在不改变原有下沉式河道结构的同时，使市民在散步的同时还可以与水流亲密接触，改善了原有的环境。设计师考虑了五十年一遇和百年一遇的暴雨强度的水位高度，如图 7-70 的河道剖面图所示。在别具匠心的石质斜梯的设计中，将石材以一定的倾斜角度伸入水中，使水位高低一目了然，还能够吸引公众参与到亲水活动中。图 7-71 表达了不同时间段，水位高低的变化以及变化对河道平面的影响。改造之后，水质达到了 2 类标准，可以放心游玩。这里也因此成为了一个城市公共聚集地（见图 7-72）。在传统节日中，比如元旦节，这里会组织大型的集会活动，别出心裁的装饰令广场和运河焕然一新（见图 7-73）。

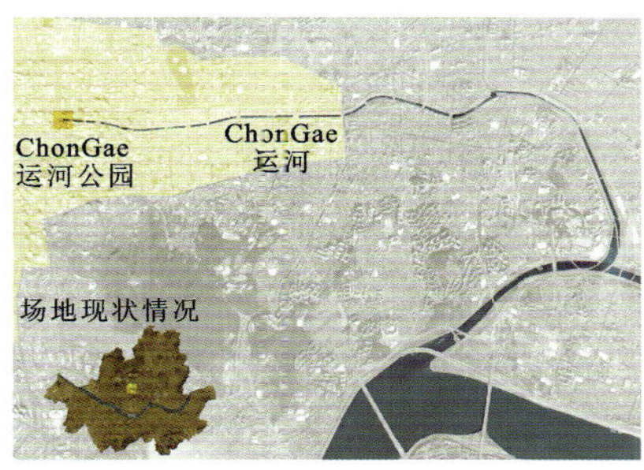

图 7-68　区位图

（图片来源：https://www.gooood.cn/chongae-canal-restoration-project-by-mikyoung-kim-design.htm）

图 7-69　河道两边被设计成可供人行走的人工河岸

（图片来源：https://www.gooood.cn/chongae-canal-restoration-project-by-mikyoung-kim-design.htm）

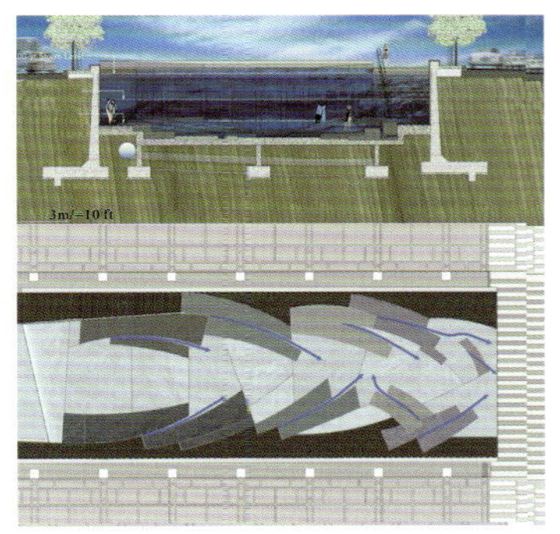

图 7-70　河道的剖面图和石质斜梯的设计

（图片来源：https://www.gooood.cn/chongae-canal-restoration-project-by-mikyoung-kim-design.htm）

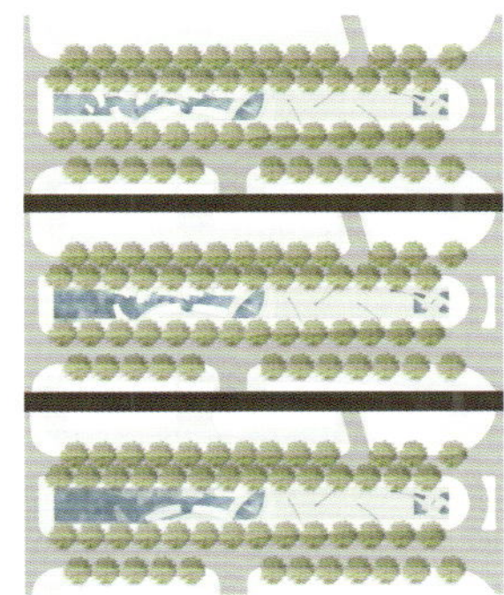

图 7-71　不同季节的河道平面图

（图片来源：https://www.gooood.cn/chongae-canal-restoration-project-by-mikyoung-kim-design.htm）

图 7-72　改造后的河道

（图片来源：https://www.gooood.cn/chongae-canal-restoration-project-by-mikyoung-kim-design.htm）

图 7-73　灯光装点的河道

（图片来源：https://www.gooood.cn/chongae-canal-restoration-project-by-mikyoung-kim-design.htm）

二、亨利广场景观改造

亨利海滩位于南澳州圣文森特海湾，是一个海边村庄，也是海滨度假圣地。在亨利海滩上不仅可供举办帆船赛事、体育嘉年华、海洋游泳比赛等活动，也可供当地居民日常散步、休闲。亨利海滩的改造设计明确了海滩的优势和劣势，并将社区的多层次活动带到了娱乐空间中（见图 7-74）。因此，这不是一次冰冷、华丽的景观改造，而是希望通过景观改造让人与自然更加亲密，使该区域更具有活力。该项目涉及了三种公共体验改造（见图 7-75）。

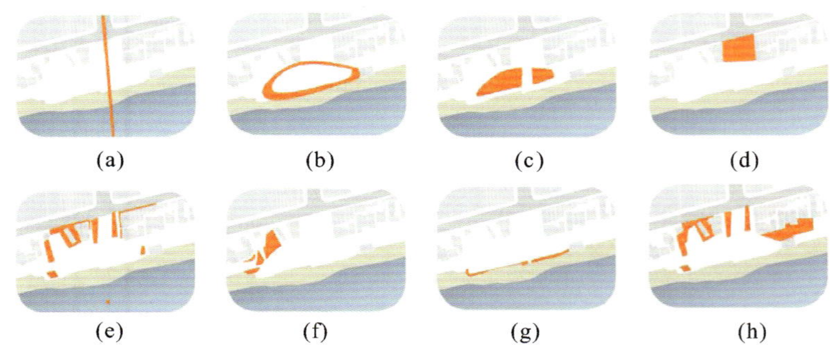

图 7-74　景观设计分析图

(a)码头；(b)环形步道；(c)草坪；(d)购物中心；(e)荫蔽走廊；(f)沙滩庭院；(g)露台；(h)海边村庄

（图片来源：https://www.gooood.cn/henley-square-adelaide-by-t-c-l-troppo-architects.htm）

图 7-75　总平面图

（图片来源：https://www.gooood.cn/henley-square-adelaide-by-t-c-l-troppo-architects.htm）

（一）广场

亨利广场是从主街道进入海滩的入口，是由一系列水景和建筑小品构成的极富趣味性的空间（见图 7-76）。该广场曾经仅是个过渡空间，如今却是社区活动的目的地，是满足当地人和游客集会、用餐和娱乐的重要场所。全新的顶棚为居民提供了荫蔽和遮挡，使居民可以更舒适地在这里享受用餐和进行社交活动，而街道另一边的历史建筑景观也得到了保留。

(二)散步圈

新建的海滨公园不仅提供了广阔的视野，而且为娱乐休闲或举办非正式行活动提供了场地。公园以一条连续的环形步道为骨架，引导人们穿行于演出场地、淋浴装置(见图 7-77)、庇荫处、景墙、休息座椅及露台之间。步道平台上设有草坪区、硬质铺装区，以及多处供休息的座椅，能满足人们的大多数活动(见图 7-78)。新建的坡道和露台拉近了人与沙滩的距离，更方便人们在此坐憩、穿行、享受日光浴。

图 7-76　入口广场的波浪躺椅

(图片来源：https://www.gooood.cn/henley-square-adelaide-by-t-c-l-troppo-architects.htm)

图 7-77　兼具功能和景观装饰效果的淋浴装置

(图片来源：https://www.gooood.cn/henley-square-adelaide-by-t-c-l-troppo-architects.htm)

图 7-78　环形步道

(图片来源：https://www.gooood.cn/henley-square-adelaide-by-t-c-l-troppo-architects.htm)

(三)延伸的码头

作为连接街道和海滩的枢纽，亨利海滩码头将远处的海景拉到了场地内(见图 7-79)。这个简单的延伸设施使码头成为了当地重要的游览目的地。

通向观景台的步道不仅连接了入口广场和“波浪躺椅”，同时为这个深受人们喜爱的码头与海洋建立了新的联系(见图 7-80)。项目改造重新激活了这里的滨海生活，并成功地突出了澳大利亚的海滨文化。

图 7-79　延伸的码头

(图片来源：https://www.gooood.cn/henley-square-adelaide-by-t-c-l-troppo-architects.htm)

图 7-80　观景台的步道夜景

(图片来源：https://www.gooood.cn/henley-square-adelaide-by-t-c-l-troppo-architects.htm)

第七节　社区公园景观设计

一、西雅图庆喜公园

庆喜公园坐落于美国西雅图中国城国际区，该公园的设计以“城市戏台”为主题，融入了多种中国和东亚文化元素和社区的地方精神。

庆喜公园的概念主题有 3 个，分别是果园、舞台、梯田。设计师提供了不同的主题设计思路，并产生了多种方案（见图 7-81）。最终确定的方案是以“城市戏台”为主题，采用传统的红色设计元素来点缀公园，入口为一个具有场地标志性的门框（见图 7-82），采用当代设计语言，表征社区的亚裔文化特征；“城市戏台”的设计形态顺应了原场地的地形，创造出一层层灵动的梯田式场地（见图 7-83），每层流线的台地之间种植连续的野花、野草等乡土植物，并运用剪纸形式的红色楼梯连接每层梯田台地，解决园区内的垂直交通问题（见图 7-84）；公园上层的台地上还设有公共休息平台（见图 7-85），布置了乒乓球台、健身器材和临时家具，跑步道伴随着明黄色和红色的金属墙壁（见图 7-86）。

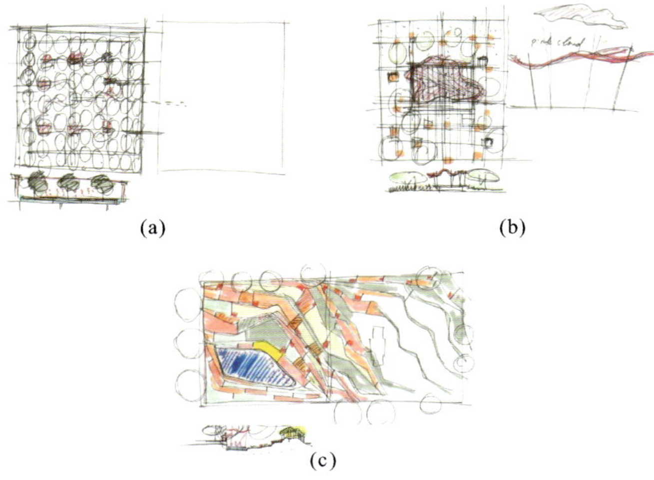

(a)　(b)　(c)

图 7-81　概念分析图

(a)果园概念设计；(b)舞台概念设计；(c)梯田概念设计

（图片来源：https://www.turenscape.com/project/detail/4653.html）

装配有木板和鲜红色金属的梯田景观深受孩子们的喜爱。设计师与社区成员合作，设计出奇思妙想的图案，并镂刻在金属板上。夜里红色的灯光透过图案，展现出奇妙的视觉效果（见图 7-87）。大型的中央广场上设计了可移动桌椅，这使得该空间可以随时转化为表演舞台（见图 7-88）。整个公园可以转化为一个圆形剧场，周边蜿蜒的梯田座位，与传统舞台不同，表演者可以自由定义表演空间。

公园为游客和用户提供了灵活开放的空间、亲密的景观体验及多元化的活动功能。通过这样一种设计让居民开始重视社区活动。

图 7-82　入口处标志性的红色门框

（图片来源：https://www. turenscape. com/project/detail/4653. html）

图 7-83　灵动的梯田式场地

（图片来源：https://www. turenscape. com/project/detail/4653. html）

图 7-84　红色楼梯

（图片来源：https://www. turenscape. com/project/detail/4653. html）

图 7-85　台地上的公共休息平台

（图片来源：https://www. turenscape. com/project/detail/4653. html）

图 7-86　健身空间

（图片来源：https://www. turenscape. com/project/detail/4653. html）

图 7-87 公园夜景

（图片来源：https://www.turenscape.com/project/detail/4653.html）

图 7-88 中央广场

（图片来源：https://www.turenscape.com/project/detail/4653.html）

二、苏州桃花源中式景观设计

苏州桃花源位于苏州城市中心金鸡湖、独墅湖“双湖”的湖心岛屿之上。湖心岛地块呈半岛形状，整体地势平坦，三面环水，天然与世隔绝（见图 7-89、图 7-90）。

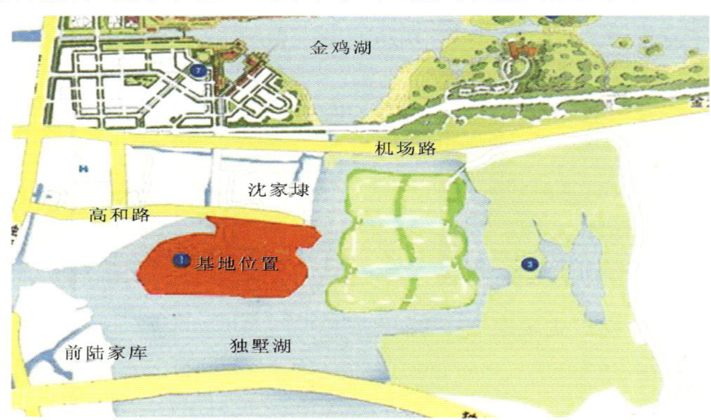

图 7-89 区位分析

图 7-90 桃花源景观

（图片来源：http://www.sunac.com.cn/product.aspx?type=14&tag=2&pid=286）

设计的初衷是传承苏州的传统园林意蕴和街巷文化。住宅采用纯中式古典建筑风格和合院的建筑形态(见图 7-91),解决了传统联排住宅和独立住宅中开敞的空间所带来的外界视线干扰及利用率不高的问题。南北轴线景观以园林为主,东西轴线景观以水巷为主,辅以组团邻里庭院,道路伴随花园(见图 7-92)。

图 7-91　总平面图

(图片来源:http://www.sunac.com.cn/product.aspx?type=14&tag=2&pid=286)

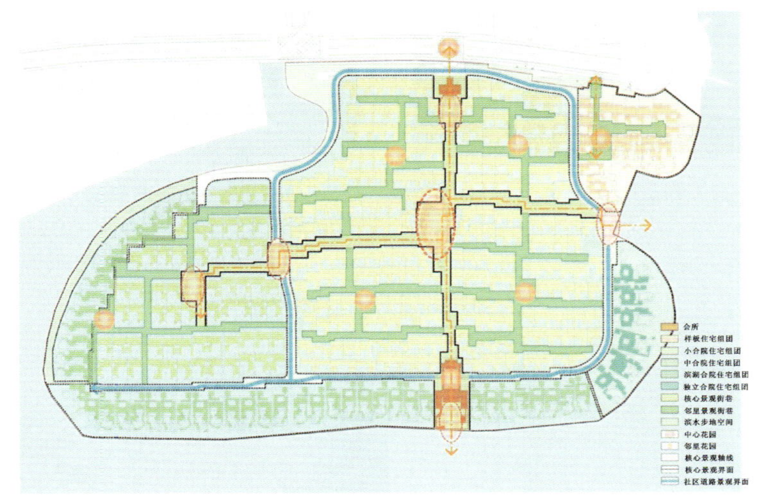

图 7-92　总体结构分析图

(图片来源:http://www.sunac.com.cn/product.aspx?type=14&tag=2&pid=286)

南北主轴景观,一轴多进院,借鉴留园的造景手法,如障景、框景、点景、借景、夹景等,直露中宜有迂回,舒缓处宜有起伏,使住户在转折迂回的空间中行走时能够体会到不断变化的景观,营造出变化流动的街巷空间。主入口景观开敞,紧接着通过狭长内道收缩视线(见图 7-93),接着进入中心花园水池,再通过狭窄巷道过渡(见图 7-94),最后呈现主会所,曲径通幽,别有洞天(见图 7-95)。中心花园遐观园整个空间以灰瓦白墙的高墙围合,借鉴了留园水景的比例(见图 7-96),同时遵循步移景异的原则,使住户在转折迂回的空间行走时能够体会到不断变化的景观。花园以水体为中心(见图 7-97),远处抬高一个亭子(见图 7-98),亭下为叠瀑,瀑布汇入水池,形成动静水体的对比。池上架九曲桥，亭对面为一个水榭，水榭外筑一个平台，并布置户外桌凳（见图 7-99）。各亭榭之间以曲廊（灰空间）连接，带来不同的感受。

图 7-93　主入口处景观

（图片来源：http://www.sunac.com.cn/product.aspx?type=14&tag=2&pid=286）

图 7-94　街巷景观

（图片来源：http://www.sunac.com.cn/product.aspx?type=14&tag=2&pid=286）

图 7-95　面向湖景的中式景观亭

（图片来源：http://www.sunac.com.cn/product.aspx?type=14&tag=2&pid=286）

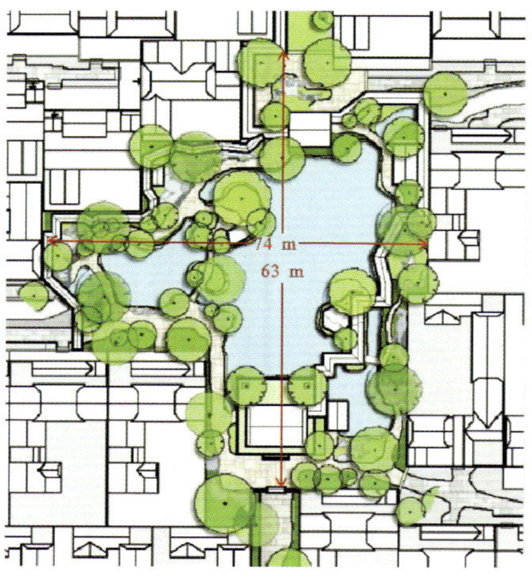

图 7-96　中心花园平面图

（图片来源：http://www.sunac.com.cn/product.aspx?type = 14&tag = 2&pid = 286）

图 7-97　中心花园的中心水体

（图片来源：http://www.sunac.com.cn/product.aspx?type=14&tag=2&pid=286）

图 7-98　中心花园中抬高的亭子

（图片来源：http://www.sunac.com.cn/product.aspx?type=14&tag=2&pid=286）

图 7-99　水榭平台

（图片来源：http://www.sunac.com.cn/product.aspx?type=14&tag=2&pid=286）

东西轴线在园林水巷的设计上，参照了苏州平江路的水巷，但考虑到入户的便利性与景观的视觉效果，没有采取平江路单边宅院临道路，单边宅院直接临水的方式，而是采用中间为水巷、两边为道路的设计形式（见图 7-100）。

图 7-100　水巷剖面图

（图片来源：http://www.sunac.com.cn/product.aspx?type=14&tag=2&pid=286）

组团庭院的设计充分考虑到中国传统文化和居住理念及苏州这座古城的文化特色，讲求欲扬先抑。经曲折迂回的巷道进入庭院，给人一种豁然开朗的感觉。运用连廊、墙等将庭院围合，消除了外界对庭院的视线干扰，并且将假山、活水、景观植物引入院中，营造出中国传统的私家宅院园林式的生活天地（见图 7-101）。同时又通过月洞门、漏窗等通透的物体让被隔绝的庭院衔接起来（见图 7-102），使宅院与室外融合，静谧、悠闲却又不妨碍邻里沟通、往来。

图 7-101　庭院实景

（图片来源：http://www.sunac.com.cn/product.aspx?type=14&tag=2&pid=286）

图 7-102　庭院入口处的月洞门

（图片来源：http://www.sunac.com.cn/product.aspx?type=14&tag=2&pid=286）

第八节　综合广场景观设计

一、东京丰州拉拉港码头休闲区广场景观设计

东京丰州拉拉港码头在改造之前是一个造船厂。站在老船厂的船坞上，可以看到整个东京湾、丰州以及现代化的城市设施（见图 7-103）。对造船厂的改造于 2006

图 7-103　广场总平面图

（图片来源：https://land8.com/lalaport-toyosu-envisions-entire-landscape-as-an-ocean/）

年竣工，其项目结合对两个码头的翻修及船厂原有设施的回收再利用，在老船坞的背景下，打造了一块综合的陆路海洋景观休闲区域，为使用者创造更为开阔的发现和体验(见图 7-104)。设计概念将整个景观想象为海洋，而来此的游客则成为了航海者。设计提取了老船坞的记忆，很多历史遗迹(如锚点、齿轮、吊架等)被保留下来。人们可以直接感受到场地的历史及其以前的用途，同时改造设计也为创造新的回忆创造了空间(见图 7-105)。

图 7-104　老船坞

(图片来源：https://land8.com/lalaport-toyosu-envisions-entire-landscape-as-an-ocean/)

图 7-105　保留的历史遗迹

(图片来源：https://land8.com/lalaport-toyosu-envisions-entire-landscape-as-an-ocean/)

休闲区广场有绿色、水和地球三个渐进式的景观主题区。绿色主题区域靠近岸线，以大面积的绿化为主，中间散布着的座椅统一朝向大海，是一处可以在黄昏时分沿海平线欣赏日落之美的场地（见图 7-106）；水主题区域，在老船坞中引入水体，在建筑主入口附近结合亲水平台和穿越水面的步行道，形成了灵动有趣的戏水空间（见图 7-107）；地球主题区域，设计师在地形设计中模拟了海浪起伏的形状（见图 7-108），在场地中行走可以感受到航海旅行的感觉，自由通行，且能发现不同以往的惊喜。结合地形的起伏，一些丘陵形成了带有内置座位的视觉封闭空间，而其余的丘陵则作为滑梯或坡道供儿童探索。起伏的场地中零星散落着咖啡馆、广播站和博物馆，看上去就像海洋里的小岛，而那些漂浮在波浪之中的被设计成有机形式的白色长椅，像泡沫，又像珊瑚（图 7-109）。景观中的所有元素都是对地形和岛屿的模拟。

图 7-106　绿色主题区

（图片来源：https://land8.com/lalaport-toyosu-envisions-entire-landscape-as-an-ocean/）

图 7-107　水主题区

（图片来源：https://land8.com/lalaport-toyosu-envisions-entire-landscape-as-an-ocean/）

图 7-108　地球主题区

（图片来源：https://land8.com/lalaport-toyosu-envisions-entire-landscape-as-an-ocean/）

图 7-109　有机形式的白色长椅

（图片来源：https://land8.com/lalaport-toyosu-envisions-entire-landscape-as-an-ocean/）

二、苏州中心广场景观概念设计

苏州中心广场位于苏州工业园区金鸡湖西侧，毗邻东方之门。金鸡湖地区是一个集商业、居住和娱乐于一体的地方。设计旨在将临湖的自然景观引入中央商务区内，通过动态的图案结合富有诗意的功能布局，以现代的方式去体现古典园林设计和苏州水系之美（见图 7-110）。

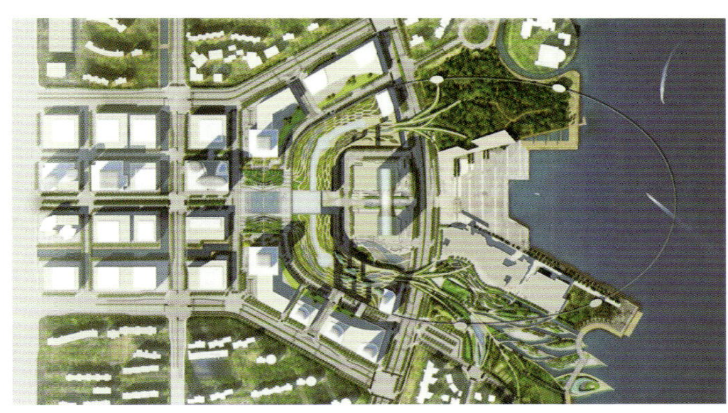

图 7-110　苏州中心广场总平面图

（图片来源：https://www.xuejingguan.com/zyzx/thread-7081-1-1.html）

设计采用了形式感非常强的树突状格局，既导出了人流和河道的自然形态，也借助这个美丽的图案将基地的四个组件世纪广场、屋顶平台、绿化步桥和湖畔花园无缝地整合在一起（见图 7-111）。树突的格局提供了灵活性、多样性和视觉上的优雅形式，将不同楼层、不同地块景景相连。在世纪广场开始由整齐的线性排列，到平台花园上发展成狭义的钻石状（见图 7-112），经过绿化步桥在湖畔花园形成较大较开放的格局，解读出一个充满活力的动态空间（见图 7-113）。图 7-114 分析了广场及周边的车行流线和人行流线。

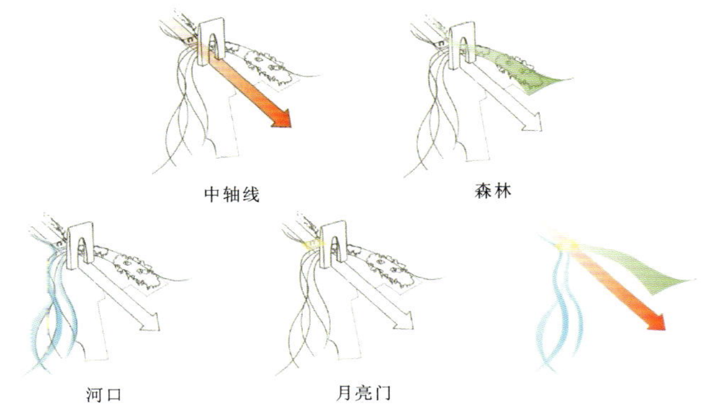

图 7-111　概念分析图

（图片来源：https://www.xuejingguan.com/zyzx/thread-7081-1-1.html）

图 7-112　湖畔花园草图

（图片来源：https://www.xuejingguan.com/zyzx/thread-7081-1-1.html）

图 7-113　苏州中心广场效果图

（图片来源：https://www.xuejingguan.com/zyzx/thread-7081-1-1.html）

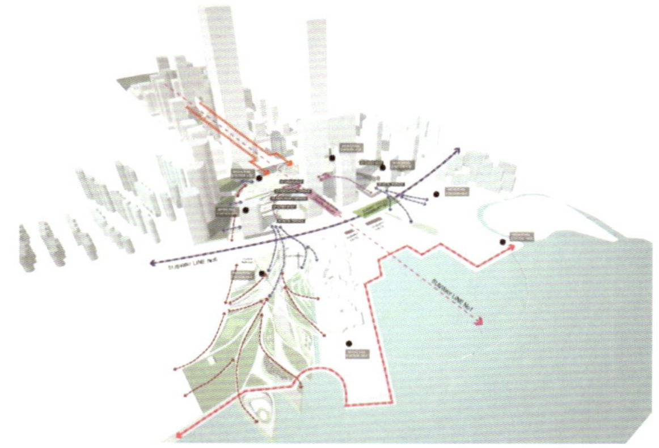

图 7-114　苏州中心广场动线分析

（图片来源：https://www.xuejingguan.com/zyzx/thread-7081-1-1.html）

中心广场位于中轴线上，周围是摩天大厦，设计工整对称，空间富有特色而优雅（见图 7-115）。广场中央是一个巨大的长方形浅水池，水池可呈现出不同的形态以适应不同季节人们的活动需求：夏天人们可以在其中自由穿行，冬天可以作为溜冰场，特殊节日可以排空水体成为一个开阔的活动场地。浅池中间坐落着一个巨大的月亮门，高 25 m，由高反射金属材料制成，可以反映周围人的活动、天空和周围的建筑。月亮门提供了一个到湖边的门户，月亮门作为一个标志性雕塑，加强了中轴线空间，并提供到中心广场的标志性门口。广场两侧有竹林环抱，将人群引入广场。

图 7-115　中心广场效果图

（图片来源：https://www.xuejingguan.com/zyzx/thread-7081-1-1.html）

屋顶平台为周围的摩天大厦提供了一个可以俯瞰美丽景色的平台，包括了屋顶绿化和花园（见图 7-116）。这种模式绿化是一层层流下每一个平台，有的是绿化壁，有的是攀岩植物。平台包括户外座位区，服务餐馆、咖啡馆、零售空间的户外小广场，花盆，植栽和水景空间，空间尺度比较小。

作为丝带的步桥无缝连接着屋顶平台和河畔花园（见图 7-117），步桥本身是轻型结构，两侧有绿墙作为绿化，步桥的边缘，每边有四个走廊，分别连接着河畔花园的不同节点。

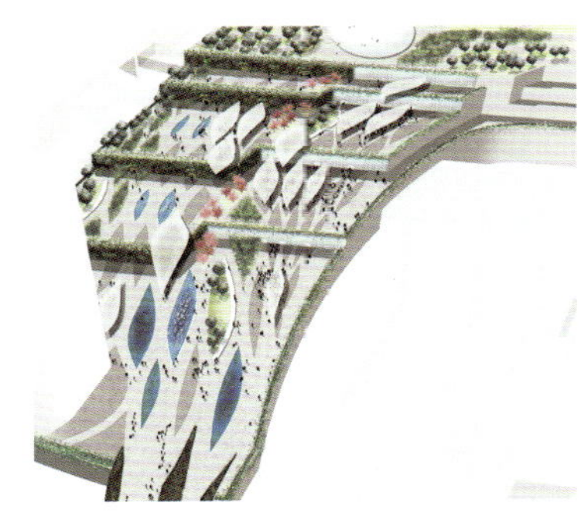

图 7-116　屋顶平台

（图片来源：https://www.xuejingguan.com/zyzx/thread-7081-1-1.html）

图 7-117　绿化步桥

（图片来源：https://www.xuejingguan.com/zyzx/thread-7081-1-1.html）

河畔花园是城市休闲公园，为周围居民提供娱乐和活动的场所（见图 7-118）。该公园被设计成一组岛屿的形式，岛屿由人工河分隔，有各不相同的主题和空间特色，包括净水湿地、休闲泛舟、人工河，及各种开放空间，如室外影院和儿童游乐场（见图 7-119）。

图 7-118　河畔花园

（图片来源：https://www.xuejingguan.com/zyzx/thread-7081-1-1.html）

图 7-119　河畔花园滨水活动场所

（图片来源：https://www.xuejingguan.com/zyzx/thread-7081-1-1.html）

三、纽约的高线公园

位于纽约的高线公园是城市废弃设施再利用的经典案例。公园的原址是建于 1930 年的约 9 m 高的高架铁路，曾是连接肉类加工区和哈德逊港口的货运专用线，1980 年停运。1999 年，纽约市聘请了景观设计师改造这片年久失修的区域（见图 7-120），希望将原来的工业化交通设施，改造成适合市民休闲娱乐的场所。设计方案在高线区景观美化和原始工业感保留之间巧妙地取得了平衡，并为高线区提供了公共活动长廊和引人注目的新生活（见图 7-121）。2009 年开放以来，高线公园受到市民、游客和专业人士的一致好评，成为了工业遗产更新利用的年度最佳案例，在 2010 年获得美国景观设计师协会年度专业奖。

图 7-120　改造前的高线公园

（图片来源：https://www.gooood.cn/section-2-of-the-high-line-by-james-corner-field-operations.htm）

图 7-121　改造后的高线公园

（图片来源：https://www.gooood.cn/section-2-of-the-high-line-by-james-corner-field-operations.htm）

高线公园项目全长约 2.4 km(见图 7-122),共分为三期先后开放。第一期从南侧肉类加工区开始,跨越了 9 个街区,长度约 800 m。设计的出发点是尽可能地保留高线区的原有特征,少做改动。具体的设计方案并没有去迎合当时追求“规模宏大”和“吸人眼球”的趋势,而是基于高线区面积和规模的精确测量,利用较少的路面和较多的原始地表,再加上各种植物,创造出一个“慢节奏”的空间(见图 7-123)。公园中的绿地既减少了热岛效应,又给野生动物、昆虫和鸟类提供了生存空间。园内植物以本地物种为主,并根据耐寒性、可持续性、形状和颜色选择了多年生植物、草、灌木和树木。很多原本在铁轨上自然生长的野生花草也被保留下来,成为公园景观的一部分,目的是为了再现铁路因为长期被弃置而形成的历史感(见图 7-124)。

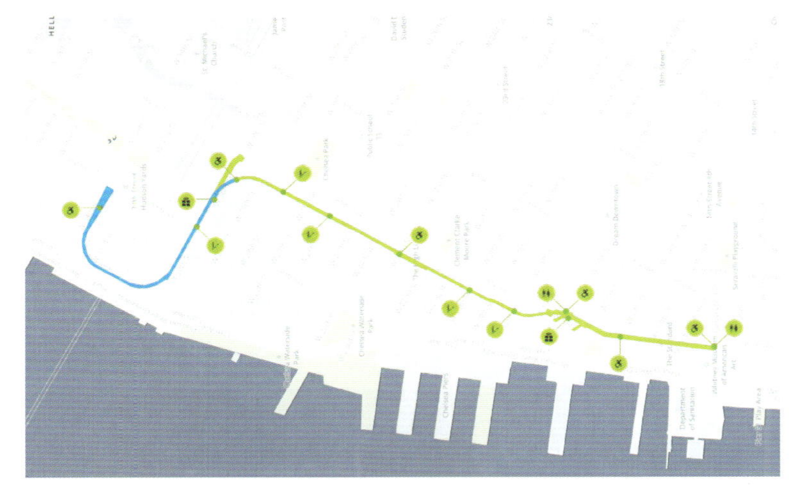

图 7-122　高线公园项目概览图

(图片来源:https://www.gooood.cn/section-2-of-the-high-line-by-james-corner-field-operations.htm)

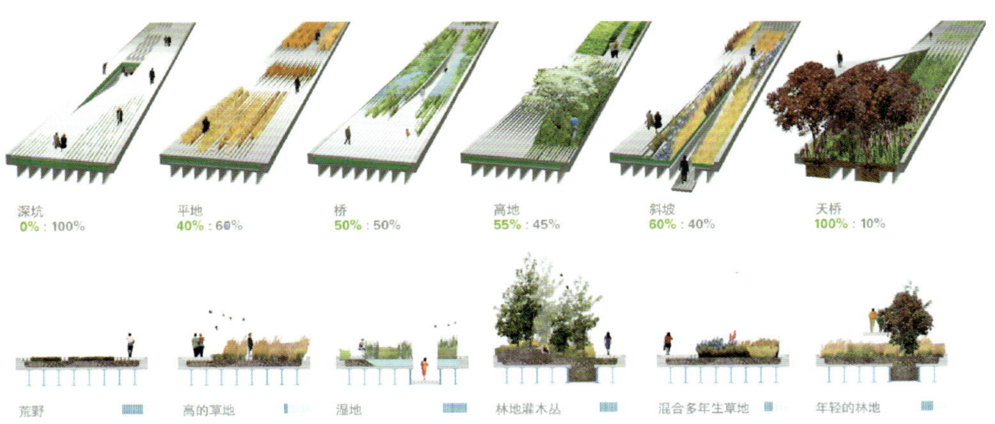

图 7-123　公园铺路和种植系统设计

(图片来源:https://www.gooood.cn/section-2-of-the-high-line-by-james-corner-field-operations.htm)

图 7-124 保留的铁轨和野生花草

（图片来源：https://www.gooood.cn/section-2-of-the-high-line-by-james-corner-field-operations.htm）

公园第二期跨越 10 个街区，长度超过第一期。这一部分公园宽度较窄，通常是在 9 m 左右，有 10 个线性块，呈现明显的直线线性关系（见图 7-125）。设计在铺装、种植、家具、照明、交接处理等方面都保持了与一期相同的基本元素，同时强调通过一系列有特色的序列空间，营造出丰富的体验观感（见图 7-126）。这一期覆盖了完整的无障碍通道，并在原来的基础上增设两部电梯。

图 7-125 公园第二期俯瞰图

（图片来源：https://www.gooood.cn/section-2-of-the-high-line-by-james-corner-field-operations.htm）

图 7-126 观景平台

（图片来源：https://www.gooood.cn/section-2-of-the-high-line-by-james-corner-field-operations.htm）

公园第三期位于最北端，设计重心是一个充满多样化植物的露天建筑——“Spur”。建筑位于西 30 街和第 10 大道的交叉处，在这里还可以看到令人神往的城市景色和哈德逊河。圆形结构内种植着茂密的林地植物，这种创新设计可以让公众在纽约市中心享受沉浸在自然中的体验(见图 7-127)。建筑也将提供大量需要的工作空间和卫生间等公众设施。

图 7-127　露天建筑——"Spur"

(图片来源:https://www.gooood.cn/section-2-of-the-high-line-by-james-corner-field-operations.htm)

高线公园没有精心设计的干预措施,只是简单地强化原有肌理。通过使用如混凝土、耐候钢、木材等结实的工业材料来反映高线区的历史,并打造出废弃景观的荒凉感;选择的草类和多年生植物及其布局营造了动态的野生景观(见图 7-128);铁轨和道岔等旧元素被重新置入(见图 7-129);特殊地点、入口和十字路口的原结构被保留并显露出来(见图 7-130)。植被、装饰、路面、灯光和公共设施,系统中的各个元素在有限的宽度和长度内发挥各自的功能,形成了一系列特色鲜明的空间,如灌木丛、阶梯式坐席与草坪的结合(见图 7-131)、"林地立交桥"与观景台的结合(见图7-132)、野花种植区、径向长椅等。此外,"漫步"的理念融入公园体验中。高出地面约 9 m 的空中步道带来了独特的城市体验,人们在深入城市的同时也在远离城市,以一种全新的视角一睹城市风采,往往能够收获意想不到的惊喜。

图 7-128　动态的野生景观

图 7-129　铁轨和道岔

图 7-130　二期工程北部终点处的混凝土甲板被移除，露出了牢固的高线钢筋构架

图 7-131　草坪和阶梯式坐席

图 7-132　林地立交桥

高线公园的建成证明了景观能对城市生活的质量带来巨大改变。它将各街区联系起来，为城市绿化树立了新的标杆，成为设计的典范。这种将高架铁路遗址改造成公园的项目，创造了一种审视城市的新视角，对其他城市的景观设计和工业遗产改造具有启示性意义。

参 考 文 献

[1]成玉宁.现代景观设计理论与方法[M].南京:东南大学出版社,2010.

[2]史明.景观艺术设计[M].南昌:江西美术出版社,2008.

[3]汤晓敏,王云编.景观艺术学——景观要素与艺术原理[M].上海:上海交通大学出版社,2013.

[4]王向荣,林菁.西方现代景观设计的理论与实践[M].北京:中国建筑工业出版社,2002.

[5]西蒙·贝尔.景观的视觉设计要素[M].陈莉,申祖烈,王文彤,译.北京:中国建筑工业出版社,2004.

[6]格兰特·W.里德.园林景观设计:从概念到形式[M].郑淮兵,译.北京:中国建筑工业出版社,2010.

[7]诺曼·K.布思,詹姆斯·E.希斯.独立式住宅环境景观设计[M].彭晓烈,主译.沈阳:辽宁科学技术出版社,2003.

[8]芦原义信.外部空间设计[M].尹培桐,译.南京:江苏凤凰文艺出版社,2017.

[9](美)拉特利奇著.大众行为与公园设计[M].王求是,高峰译.北京:中国建筑工业出版社,2001.

[10]孙鸣春,周维娜编著.城市景观设计:图形解析城市景观设计轨迹[M].西安:西安交通大学出版社,2007.

[11]克莱尔·库珀·马库斯,卡罗琳·弗朗西斯.人性场所——城市开放空间设计导则[M].俞孔坚,孙鹏,王志芳,译.北京:中国建筑工业出版社,2001.

[12]扬·盖尔.交往与空间[M].何人可,译.北京:中国建筑工业出版社,2002.

[13]张吉祥.园林植物种植设计[M].北京:中国建筑工业出版社,2001.

[14]周长亮,张健,张吉祥.景观规划设计原理[M].北京:机械工业出版社,2011.

[15]刘佳.景观设计要素图解及创意表现[M].南昌:江西美术出版社,2016.

[16]米歇尔·劳瑞.景观设计学概论[M].张丹,译.天津:天津大学出版社,2012.

[17]陈伯超.景观设计学[M].武汉:华中科技大学出版社,2010.

[18]彭一刚.中国古典园林分析[M].北京:中国建筑工业出版社,2008.

[19]彭一刚.建筑空间组合论[M].北京:中国建筑工业出版社,2008.

[20]程大锦.建筑:形式空间和秩序[M].刘从红,译.天津:天津大学出版社,2005.

[21]张磊.平面构成案例解析[M].北京:北京理工大学出版社,2016.

[22]马库斯·詹斯奇.景观实录:可持续景观设计艺术——玛莎·舒瓦茨景观事务所特辑[M].沈阳:辽宁科学技术出版社,2017.

[23]俞孔坚,土人设计.城市绿道规划设计[M].南京:江苏凤凰科学技术出版社,2015.